岩土之问

顾宝和 著

中国建筑工业出版社

图书在版编目（CIP）数据

岩土之问 / 顾宝和著. —北京：中国建筑工业出版社，2022.12（2023.11重印）
ISBN 978-7-112-28190-9

Ⅰ.①岩…　Ⅱ.①顾…　Ⅲ.①岩土工程—研究　Ⅳ.①TU4

中国版本图书馆 CIP 数据核字 (2022) 第 221761 号

本书是著名岩土工程专家顾宝和大师的思索和总结，共有28篇小文章。全书或是就岩土工程中某些易混概念进行辨析，或是提出某些疑难问题的解决办法，或是对岩土工程研究方向提供建议；从太沙基基础理论到岩土工程实践，从勘察报告常见问题到水的问题，从标准讨论到岩土工程师箴言，都体现出老一辈岩土人对岩土工程未来发展与创新学问孜孜不倦的追求和探索。

本书面向广大的岩土工程师，并可作为研究和教学的参考。

责任编辑：杨　允　李静伟
责任校对：董　楠

岩土之问

顾宝和　著

＊

中国建筑工业出版社出版、发行（北京海淀三里河路9号）
各地新华书店、建筑书店经销
北京点击世代文化传媒有限公司制版
建工社（河北）印刷有限公司印刷

＊

开本：850 毫米 ×1168 毫米　1/32　印张：8¼　字数：145 千字
2023 年 1 月第一版　2023 年11月第三次印刷
定价：**42.00** 元
ISBN 978-7-112-28190-9
（40125）

前　言

　　2018 年《求索岩土之路》出版后，本想就此告别岩土界，但由于从事专业的惯性，之后又陆续写了些文稿，大多发表在专业微信群里。有答友人的提问，有应邀写的专稿，有对某些概念的辨析，有解决某些疑难问题的途径，有研究方向的建议，有标准规范的讨论等。大家问我，我问大家，越讨论觉得问题越多，越讨论觉得岩土工程的学问越深。许许多多、大大小小的问题困扰着我，困扰着岩土界。现选取其中部分文稿，稍做修改，编成一本集子，作为向岩土界最后的献礼。

　　《求索岩土之路》是溯岩土之既往，这本集子是问岩土之未来。

　　从学校里学习专业到今天，我致力于岩土工程已经整整 70 个年头了。回顾这 70 年，无论国内国际，岩土技术确实有了长足进步，但与其他行业比，譬如与信息技术比，与航天技术比，与生物技术比，实在差得太远了。70 年前是概念＋经验，今天还是概念＋经验；70 年前是太沙基时代，今天还是太沙基时代。

我们这一代没有突破，新生一代一定要突破。《等待突破的几个重大问题》《岩土在现场，工程在现场，到现场去》《学习太沙基，超越太沙基》《填沟建城的科学实践》等几篇，就是在这种思想支配下写的。强调问题在现场，学问在现场；强调实践出真知，实践出新知。路在何方？路在脚下。

《固结状态的局限》和《覆盖效应与水分迁移》两篇也说明，太沙基对土力学的主要贡献是有效应力原理，但有效应力原理的适用范围是有限的；达西定律只解决了饱和土中水的渗透问题，还有很多更难的土中水迁移问题没有解决。太沙基、达西及其后来的学者们，未能触及的岩土领域多得很，留给我们做学问的空间大得很。

勘探测试是技术工作，似乎没有什么学问。《标准贯入试验尚待解决的一个重要问题》实际上就是一个理论问题；《勘察报告中常见的一些问题》虽然浅显，大部分也是理论问题。岩土工程需要技术，更需要学问。

线上讨论最多的是勘察、设计、计算方面的问题，编纂本书时选了《从一个工程案例反思沉降计算》《用 e-p 曲线计算沉降的讨论》《为什么计算总是偏离实际》等几篇。虽然涉及的深度很浅，但足以说明，土力学和岩土工程仍是一门不严密、不完善、不成熟的科学技术，计算时首先要评估一下，计算模式与实际条件差异有多大；计算参数的可靠程度如何。如果出入太大，则计算毫无意义，甚至误导设计。莫把鸡毛当令箭，莫把虚拟当现实。

《岩土工程中的水压力》《被误解的承压水》《难缠的水，可怕的水》等几篇，涉及的都是水。为什么因水而发生的事故这么多？成亦概念，败亦概念，岩土工程的概念大多与水有关。岩土工程难于水，岩土的奥秘，岩土的学问似乎都藏在水里。

地震地面运动和地质灾害是最危险、最复杂的岩土工程。《唐山大地震的怪现象》记述了笔者两次考察的许多不解之谜，提出来向各位请教。现在的地震波和动力学理论似乎很难解释，场地液化研究似乎也要另辟蹊径，这个领域我们的认识实在浅薄得很。

标准和规范是岩土界非常关心的问题，这几年我参与不多，只参加了两本全文强制国家通用规范的讨论，收益不少，有关的三篇收录在这本集子里，只是个人的粗浅想法。这几年，正遇到标准化改革的大事件，而很多岩土界同仁似乎缺乏这方面的思想准备，于是写了一篇《岩土工程标准化的历史性变革》，文中提出了大改革带来的新问题，既有专业问题，又有管理问题，如何解决，期待着岩土界的同仁们不懈努力。

《注册岩土工程师的定位与担当》和《漫谈岩土工程咨询》是两篇关于岩土工程体制改革方面的文稿。这个问题我们这一代人已经探索了40年，至今没有到位。体制问题远比技术问题复杂，一定要与整个社会政治经济体制的改革协调，放在市场经济转型和依法治国的大背景中考察。突破体制性障碍，新生代的朋友们肩负着从岩土大国走向岩土强国的光荣使命。

本书的最后是《故事7则》和《岩土箴言录》，前者是我国岩土工程发展史上的几段小插曲；后者是笔者的学习札记（纲要）。

勘察是探索，设计是创新。岩土工程是门大学问，学问学问，问为了学，学在于问。

感谢我的朋友杨允给我出了这个题目，使我有幸写了这篇命题作文。

顾宝和

2022年8月8日

目　录

1 等待突破的几个重大问题

《求索岩土之路》出版后,我离开了岩土界。离别时总觉得有些遗憾,还有一些重大问题我们这一代没有得到解决,希望新生代的朋友们继续努力,取得突破。本文最初于 2018 年发在专业微信群中,接着有友人转发在公众号,2022 年 6 月又应邀发给住房和城乡建设部干部学院注册岩土工程师的学员们。问题如下:

问题 1

从 1979 年底建工总局组团赴加拿大考察,带回岩土工程体制算起,专业体制的改革已经超过 40 年了。为什么 40 年不能到位?当年以咨询公司为目标模式,为什么外国能够正常运转,而在中国不能生根,不能发展?何种模式适合中国的国情?怎样才能克服岩土工程发展的体制性障碍?

问题 2

岩土工程对信息高度依赖。勘探、测试、检测、监测,基本任务是为岩土工程提供信息,其重要性不言而喻。新中国成立之初工程勘察虽然幼稚,但质量是好的,为什么现在质量如此之差？怎样才能根治？信息技术是当前发展最快的领域，岩土工程怎样和现代信息技术融合，跟上日新月异的信息化时代？

问题3

太沙基开创土力学已经快一百年了。虽然土力学理论有了长足进步，本构模型、非饱和土理论、数值计算法，使我们对土的认识大大深化，但为什么不能推动岩土工程实践发生质的飞跃？设计计算仍停留在概念＋经验，不严密、不完善、不成熟，还停留在太沙基时代。理论研究和工程实践是否存在脱节？该怎样突破？怎样开创太沙基之后的新时代？

问题4

中国的岩土工程已经开始走向世界，今后将有更多、更重的国际任务等待着我们。我们准备好了没有？我们不熟悉外国的地质条件和岩土特性，不熟悉外国的法律和标准，不熟悉外国的政治经济制度和风土人情，不熟悉外国的商业运作规则，怎样提高岩土工程师的素质和能力？怎样锻造几家像辉固公司、戴姆斯·摩尔公司那样的大公司，造就几位太沙基、卡萨格兰德那样的大学者、大工程师？

问题5

我国正在深化标准化体制改革，新的《中华人民共和国标准化法》已经发布实施，标准化体系正面临重新洗牌。应当怎样绘制岩土工程标准化体系的新蓝图？新的标准化体系怎样适应岩土工程特点？怎样才能既保证工程安全和质量，又促进技术进步？

问题6

我国已经将生态文明列为治国的基本方针之一，岩土工程师应怎样为生态文明出力？怎样定义环境岩土工程？根据我国特点，当前环境岩土工程的重点在哪些方面？怎样促进环境岩土工程的发展和提高？

2 岩土在现场，工程在现场，到现场去！

听说现在有些岩土工程师很少去现场，设计者不去现场，研究者不去现场，勘察者也不去现场。他们的理由是，各有各的岗位，各有各的责任。设计工程师说，我按勘察报告设计，报告中的数据是否符合现场实际情况，由勘察者负责；做研究工作的教授说，我用土样做各种试验，研究本构关系，建立模型，我的岗位在实验室；编写勘察报告的工程师说，现场描述有钻探记录员，土工试验有土工试验员，我的责任是汇总数据，分析判断，写出设计要用的报告。如此逻辑，能够成立吗？

我年轻时做勘察工作，北京的工程 50% 的时间在现场，外埠的工程 80% ~ 100% 的时间在现场。那时的钻探记录员，都受过专门训练，责任心也很强，但项目负责人不去现场是绝对不行的。勘察是一种探索性工作，事先的预计只是大致的，概略的。未知才需要探索，探索要跟踪，不在现场怎么跟踪？譬如钻探已经到了计划深度，可以停钻了，但土质比预计的差，需要加深，项目负责人如果在现场，可以马上决定；现场发现厚层松散回填土，需要圈定，项目负责人在现场，可以马上决定；现场发现掉钻等异常情况，项目负责人在现场，可以马上查明原因，采取措施。还有，当几个钻探小队在同一工地钻探时，几位记录员的分层会不一致，有粗有细，谁来统一，当然是项目负责人，如果不在现场，就难办了。现在很多人反映勘察报告质量不高，甚至误导设计，原因很复杂，一言难尽，但项目负责人不去现场，或很少去现场，是否也是原因之一？

根据勘察报告设计无可厚非，熟悉的场地和地基，设计者不去也无妨，但对于不熟悉的场地和地基条件复杂的现场，就不能不去了。岩土的性质，仅仅几个物理力学指标，仅仅书面记录，是不全面的。必须亲眼看，亲手摸，才会有深刻印象。譬如厚层填土地基，不亲自去现场，不亲眼看看土的成分、结构、密实度、均匀性等，不亲自调查形成的背景、年代、堆填过程，心中怎能有底？如果遇到不熟悉的特殊土，没有直接的感性认识，怎能深刻理解？喀斯特区的溶沟石牙，土石混合地基，无论文字、素描、照片，都不能全面、完整地反映实际情况，只能亲自到现场去看。

对于天然地基，验槽时设计者要去现场。如果做地基处理或桩基，设计者在现场的时间就更多了。为了验证地基处理方案的可行性和施工参数，夯实、压实、挤密、振冲、旋喷、搅拌、注浆等都要先做现场试验。桩基也是这样，在初步确定方案后，灌注桩要试钻，预制桩要试打、试压，再做承载力试验。通过现场试验，研究分析，发现问题，解决问题，不断优化设计。在施工过程中，还会不断出现各种各样的问题，要求设计者到现场解决。基坑工程更是如此，在开挖过程中，位移的发展，降水、隔水的效果，对周边既有建筑和设施的影响，时刻牵动着设计者的心，恨不得天天在现场。

太沙基开创了土力学，建立了第一个土工实验室，用土样做室内试验，这是传统的科学方法。但是，实践表明，土样代表不了土体，室内试验取得的参数用于计算，效果很不理想。岩体有宽窄不等、间隔不均、或续或断、极不规则且难以量测和描述的裂隙系统，比土体还要复杂。岩石室内试验参数绝对不能直接用于计算。这个问题将在下一篇《学习太沙基，超越太沙基》中详细论述。

但是现在，致力于岩土研究的教授们，似乎依然顺着太沙基的思路向前推进，这或许是几十年未能取得突破的重要原因。既然室内试验效果不理想，何不将重心向现场转移，以原位测试、现场检测、工程监测为主要手段，并不断改进，在这个基础上进行理论研究，结合先进的信息技术、物联网技术、智能技术、施工技术，闯出一条新路来。

衷心希望专家学者们，转移研究重心，从实验室和书斋里走出来。

岩土工程师的经验都是在现场积累的，谁现场去得多，谁积累的经验也多。医生讲临床经验，岩土工程的"床"

在哪里？在现场。

数字岩土永远不能完全代替实体岩土，我们不能做不识岩土的岩土工程师。

勘察工程师不去现场，就像瞎子摸象；设计工程师不去现场，就是闭门造车；研究工作的学者不去现场，就是缘木求鱼。

岩土在现场，工程在现场，岩土工程的学问在现场，到现场去！

3 学习太沙基，超越太沙基

本文曾在专业微信群发表，应龚晓南院士要求，在《地基处理》期刊上转载。

3.1 土样和土体

我曾多次阅读太沙基传记方面的文献，深深被他高尚的人格魅力和深刻的学术思想折服。太沙基开创土力学快一百年了，至今仍是指导土工实践的理论基础；太沙基离开我们已经六十多年了，至今还没有一个人能够和他相提并论。岩土工程似乎还是处在太沙基时代，学习太沙基，超越太沙基，是我们的光荣使命。

在太沙基之前，工程建设遇到土工问题时，只能凭经验处理，没有理论指导，是他首先运用科学方法研究土的力学问题，提出了有效应力原理，建立了第一个土工实验室。用土样在室内试验，是传统的科学方法，与物理学、化学、力学的研究方法一脉相承。优点是可以根据研究者的要求，控制土样的应力和排水条件，测定应力、变形和孔隙水压力，还可根据要求，设计多种试验仪器和试验方法。一百年了，虽然发展了多种原位测试，但室内试验仍是主流的试验方法。

但是，工程实践表明，用土样代表土体，用室内试验取得的参数计算，问题实在不小。严格地说，土体和土样是两个不同的概念：土体有埋藏条件下的初始应力，土样在取样过程中应力已经释放；土体有多种多样不同的组合，土样就比较单一。钻探、取样、运输、制备、试验过程中，一定程度的扰动是不可避免的；更何况，土样尺寸太小，要求试验成果代表现场土体的性质实在很难。室内渗透试验、固结试验、抗剪强度试验，虽然完全符合土力学原理，但成果并不理想。譬如理论上变形模量 E_0 应小于压缩模量 E_s，但实际经验相反，除软土外，大多数情况 $E_s<E_0$。有经验认为 $E_0=（2.2～2.5）E_s$，有的甚至达到 $E_0=（6～10）E_s$。济南某工程闪长岩残积土，压缩模量仅 3.76MPa，而变形模量达 28MPa，工程建成实测证明后者正确。港珠澳桥隧工程厚层粉质黏土压缩模量仅 5.6MPa，静力触探根据经验得到的变形模量达 30MPa，堆载试验判定后者更接近实际。用《建筑地基基础设计规范》GB 50007—2011 计算沉降，经验修正系数为 0.2～1.4，也就是说，对于较硬的土，实际沉降量只有计算沉降量的 1/5！原因主要在于室内试验压缩模量偏小太多。

固结试验如此，室内渗透试验、抗剪强度试验问题更多。试验成果不理想的原因，固然有土样质量、人员素质等因素，但用土样做室内试验本身的缺陷肯定是存在的。有人在吹填土中做了不固结不排水剪（UU）试验、十字板强度试验、静力触探试验、扁铲侧胀试验的对比，发现即使用薄壁取土器，尽量避免土的扰动，UU试验的强度还是最低。室内试验和抽水试验测到的渗透系数，差别可达 1~2 个数量级！水平方向和垂直方向的渗透系数，室内试验差别不太大，现场层状土垂直渗透与水平渗透则是天壤之别。

为科学研究、理论研究做试验，研究者并不关心土样对现场土体的代表性。但作为工程师，则土样一定要代表土体，否则试验成果怎能用于设计计算？影响岩土工程计算可靠性主要有两个因素，计算模式与计算参数，而计算参数更为重要。很多学者和工程师觉得，既然室内试验效果不理想，何不致力于探索用原位测试成果进行岩土工程的分析计算？太沙基也注意到，小小土样不足以代表土体，所以他特别强调工程师一定要到现场去，实际调查现场的地质条件，还创立了至今仍广为应用的标准贯入试验。我们今天学习太沙基，就是要继承他的学术思想，把重点放在现场；我们今天要超越太沙基，突破口就在参数，把重点转向原位测试和现场监测。

岩体的力学指标和岩样的力学指标有时相差很远，室内试验的成果绝对不能直接用于设计计算，因而发展原位测试更为迫切。

我的意思绝不是废弃室内试验。室内试验的功能，原位测试是不能完全替代的。譬如一些基本物理性能指标，含水率、密度、土粒相对密度、液（塑）限等。况且，土作为一种材料，只有通过室内试验才能深刻认识其力学特性。但由于土样和岩样不能真正代表土体和岩体，使建立在室内试验基础上的理论体系和计算方法，模型做得再完善，试验做得再认真，理论研究得再深入，也不能取得真正突破。原位测试的地质条件和应力条件远比室内试验复杂，过去的研究很不深入，只是简单而肤浅地做些对比试验，总结些经验关系，这是远远不够的。

3.2 力学和地质学

太沙基开创土力学人人知道，但不要忘了，太沙基还是一位地质学家。早在青年时代读大学时，他就专修地质学。从事土木工程时，他特别注意地质调查。73岁高龄退休后，还在哈佛大学多年讲授工程地质学，可见其对工程地质的重视。太沙基热爱大自然，对各种地质现象都感兴趣，非常注意地质与工程的关系。但由于时代局限，未能将土力学与工程地质学结合，上升到理论。我们今天学习太沙基，超越太沙基，就要继承他的学术思想，更上一层楼，开创力学和地质学结合的新天地。

岩土工程是在传统力学理论基础上发展起来的，但是，单纯的力学计算并不可靠，不能解决复杂的实际问题。岩土的力学性质非常特殊，有固体材料的弹性性质而非典型的弹性，有塑性材料的塑性性质而非理想塑性，有黏滞体的流变性质而非单纯的流变。主要原因就在于岩土工程师面对的材料和结构工程师面对的材料完全不同。结构工程师面对的混凝土、钢材等，材质相对均匀，材料和结构都是由工程师选定或设计，是可控的；且计算条件明确，建立在力学基础上的计算是可信的。岩土材料则是漫长历史时期复杂地质作用的产物，工程师不能随意选用和控制，只能通过勘察查明，而又不能完全查明。要正确认识和理解这些条件，就必须依靠地质科学。例如岩体中复杂的裂隙系统，软弱结构面，地下水的渗流通道等，如果离开地质学的指导，企图概化为可供计算的力学模型，几乎是不可能的。

岩土工程师不能不懂工程地质学。如果不懂，到工地就无法识别工程建设中出现的现象和问题。见到了岩石，只能识别其颜色和软硬，连岩浆岩、沉积岩、变质岩三大岩类都分不清，怎能知道地层的分布规律，怎能明白整合、不整合、假整合、断层等接触关系？只能在硬的硬，软的软，似乎杂乱无章的地质体前一片迷茫！而地质学家则在地表看到一些零星的岩石露头，就可推测地下深处的地层和构造。我国有些地方有第四纪玄武岩，在十分坚硬的岩层下面又是松软的土，缺乏地质知识的人就觉得不可思议。学过土力学的人都知道达西定律，但是，地下水运动受相对不透水岩土约束，其赋存和径流决定于地质构造和强弱透水层的空间分布。岩石中的地下水更是完全由裂隙带和岩溶发育带控制，不懂地质行吗？崩塌、滑坡、泥石流、岩溶、地裂缝等，都是由地质作用发展而成地质灾害，识别地质灾害需要地质知识，治理地质灾害更需要地质知识。有人登高一望，就能判别是顺层滑坡还是切层滑坡，推移滑坡还是牵引滑坡，发展到了哪个阶段，发展趋势如何，怎样治理，靠的就是深厚的地质知识和长期积累的经验。溶隙、溶洞、漏斗、落水洞、溶槽、石芽等喀斯特现象，以及在此基础上发展起来的土洞和塌陷，都是地质作用的产物。不懂得地质知识，不了解地质作用的规律，治理地质灾害就不能对症下药。

岩土不仅是有一定物理力学性质的材料，而且还是一个个"活的"地质体。地质体不是静止的，都是处在不断运动之中，经过漫长的历史演化，发生过各种地质作用，才形成现在的岩土性状和地质构造，而且以后还要继续演化。演化的速度有时很慢，人一生都看不到；有时很快，甚至突然爆发。地质构造的形成，地质作用的发生，地质历史的演变，都服从地质科学的规律。表面看来似乎杂乱无章的地质现象，其实都有规律。不懂得地质学，怎能理解地质体？因此，岩土工程师如果只知道力学，不懂地质学，他的知识是不全面的。

相对于力学，地质学研究有自己的特点：一是观察和调查是研究的基本手段，地质研究也有试验，但主要手段还是现场观察，实地调查。几乎一切地质学的基本知识和基本理论，都是观察和调查积累起来的。二是归纳推理是思维的主要方法，即根据实地调查，观察到大量地质现象，进行对比综合，经过"去粗取精，去伪存真，由此及彼，由表及里"的一番功夫，推断出共同的规律，与力学以演绎推理为主的思维方法有所不同。三是注重成因和演化，地质学家认为，地壳每时每刻都在运动，都在演化。地形地貌、土和岩石、地质构造，都是地质作用的历史产物，都有其成因和演化过程。研究地质成因和演化，是地质学家的基本追求之一，万事都问成因，是地质工作者的一种习惯。

力学模型与地质模型需要耦合。风化作用使岩体劣化是地质与力学关联最显而易见的例子。风化过程有时很慢，有时很快。某些泥岩和粉砂岩，天然状态下相当坚硬，暴露后几天便逐渐开裂、崩解、剥落，并不断向深部发展，危及基坑和边坡的稳定。大挖大填，蓄水引水是人为地质作用，与岩土力学性质密切关联。准格尔选煤厂整平场地，大挖大填，改变了地下水的均衡与动态，致水位上升，土性软化，地基承载力和变形均不能满足，不得不采取补救措施，延误了工期。从力学角度考虑，滑坡是岩土体失去平衡，可采用力学方法进行分析。但是，滑坡还是一种地质作用，有其成因和演化规律。

不同性质的滑坡（牵引式、推移式等）、不同类型的滑坡（均质体滑坡、顺层滑坡、切层滑坡、浅层滑坡等），演化过程是不同的。滑坡是分阶段逐步演变的，与岩土构成、岩土性质、地下水、外力作用等多因素有关，绝非单一的力学平衡问题。至于环境岩土工程，问题就更复杂了，还涉及化学、生物、生态等更广泛的科学问题。

力学和地质学是岩土工程的两大理论支柱，两种思维方法有很好的互补性，互相渗透，互相嫁接，必能在学科发展和解决复杂岩土工程问题中发挥巨大作用。力学平衡、应力应变对工程显而易见，又便于定量，可操作性很强，是岩土工程的表象；地质演化比较隐含、抽象，而且多样，内在规律藏在深处，二者互为表里。现在的办法是力学＋地质综合分析，体现岩土工程师的智慧。今后两大学科可否进一步融合，开发出一套可以定量分析的新理论、新方法？

3.3 科学和艺术

太沙基曾多次强调 "Geotechnology is an art rather than a science"，中文意思是 "岩土工程与其说是一门科学，不如说是一门艺术"。我体会，太沙基的话并非否定岩土工程的科学性，而是认为岩土工程作为一门科学，还不严格、不完善、不成熟，却富有艺术的品格，具有丰富多彩的艺术魅力。有人总觉得，岩土工程和艺术不沾边，建议将"art"翻译成"技艺"。但我觉得还是翻译为"艺术"更加贴切。

岩土工程中蕴含着深刻的科学原理，其科学性是毋庸置疑的。但科学崇尚用数学模型描述，定量计算，追求严密、精细、准确，从这个角度看，岩土工程还不严密、不完善、不成熟。艺术是指一种美的物体、环境或行为，是能与他人共享的一种创意。除了绘画、音乐、文学、戏剧、景观等外，还有领导艺术、指挥艺术、外交艺术、公关艺术等，体现在它的巧妙，体现在它的可欣赏性和诱人的魅力。艺术与科学的不同在于：科学强调客观规律，而艺术强调主观创意和共享；科学讲究普适性和理性，可大量重复，而艺术讲究个性和悟性，各具神韵，丰富多彩；科学创新有时"昙花一现"，不久就被超越，而艺术创意则是永恒，常温常新。技术或多或少含有艺术元素，而岩土工程面对的是千变万化的地质条件和多种多样的岩土特性，需因时制宜，因地制宜，处理办法常因人而异，不同的人可以开出不同的处方，因而富含更多的艺术元素。有些处置得巧妙，有创意性，有可欣赏性，给人以美感；有的则平庸无奇，仅仅满足于千篇一律的"批量化生产"，当然无艺术性可言。

先谈谈岩土工程科学性的不足，譬如土力学中的压硬性原理，土在有效自重压力作用下，固结压密，形成强度和刚度。按固结状态分为欠固结、正常固结和超固结。但这个法则其实只适用于水中沉积的黏性土，对砂土、砾石、卵石便不适用，这些粒状土主要不是压硬，而是由于冲刷和振动而密实。我国大量分布的黄土、红黏土、膨胀土、残积土等，强度和刚度的形成，都和压硬性原理无关，这个问题将专有一篇《固结状态的局限》论述。再譬如地基承载力这个最普遍最常遇到的问题，结构工程已经采用概率极限状态可靠度设计，分项系数表达；岩土工程还是容许应力法，连极限状态都不知道，安全系数都不知道，是不严密、不完善、不成熟最典型的表现。至于沉降和变形的计算、岩土压力的计算、边坡稳定的计算，问题就更多了。有人戏言滑坡计算是"安慰算"，我觉得并非妄言。我不是说岩土工程不要计算，但不能只依靠计算，对计算的误差要心中有数。现在有了软件，计算非常方便，没有软件不能设计，但有了软件不一定就能做好设计。

因此，岩土工程的科学水平现在还相当低，理论远远落后于实践，太沙基等老前辈留下的遗产实在不够用。岩土工程需要学问，专家学者们仍需努力。

岩土工程的艺术性主要体现在巧妙，拙作《岩土工程典型案例述评》和《求索岩土之路》已经做了比较详细的说明。譬如边坡开挖，用支撑顶住侧土压力本是传统方法，锚杆则用背拉方式解决了这个问题，既节省费用，又少占空间，非常巧妙；高填方、高路堤放坡，占用大量土地，加筋土解决了土体缺乏抗拉强度的问题，边坡改陡，非常巧妙；开挖隧道和地下工程，新奥法不用厚壁混凝土支承，而是充分利用围岩自身承载能力，用锚喷加固与薄壁柔性结构形成支承环，并通过观测不断调整开挖和支护，非常巧妙。在处理结构与岩土关系时，经常采用调整刚度，刚柔共济的办法，也是一种艺术。四两拨千斤，内藏科学，外显艺术。

现在和一百年前的太沙基时代相比，已经大不一样了。工程项目多、规模大、难度大，为我们提供了广阔的表演舞台；互联网、大数据、云计算、智能技术，为我们准备了崭新的道具，一场场精彩的节目正等待着我们上演。

评价科学性是两分法，对或者错，是或者非，二者必居其一，所以科学性是条底线。1980年前后，当时土工界的一位知名专家，过于迷信梅纳的动力固结理论，用强夯法处理厚层软土，把场地夯得一团糟，就是逾越科学底线的一个实例。"成亦概念，败亦概念"就是这个道理。评价艺术性是优劣，没有最好，只有更好。匠心就是追求更好，追求精益求精。大工程要做好，小工程也要做好，件件作品都要精美，这就是工匠精神。20世纪50年代有个规模不大的肉类加工厂项目，勘察时发现冷库坐落在厚层泥炭土上，使地基基础设计非常被动，曾拟另选厂址。勘察项目负责人判断，可能是牛轭湖沉积，局部分布，建议扩大钻探范围，固然改变了一下总平面布置，冷库就坐落在良好的地基上。付出很少，却为工程建设节约了大量资金，保证了工期。

3.4　知和行

太沙基开创土力学，他当然是一位学者、一位理论家，但他毕生更多致力于工程实践，更是一位大工程师、大实践家。他还是教授、教育家，致力于推广他的理论、经验和学术思想，培养了一大批知名专家。

太沙基出身欧洲，开创土力学在土耳其，普及土力学在美国，并在欧美多所大学任教，为世界上许多工程提供咨询，涉及房屋建筑、水利、公路、机场、隧道、地铁、堆场、船坞、护岸、多年冻土、滑坡等领域，还专程调查热带土。他开创的理论主要是通过野外观察，以工程经验为基础，提炼、总结出来的，没有工程实践就没有土力学。我们作为他的后人，既要认真学习他的理论——"读万卷书"，更要学习他深入现场——"行万里路"。岩土性质和地质条件极为多种多样，工程要求各有不同，没有广阔的阅历，绝对成不了大家。很多经验书本上是学不来的，很多现象不亲眼见过是不认识的。现在有些人只靠数据和他人的描述编报告、做设计，将成为不识岩土的岩土工程师，很可悲。

知必行，行必知，知行合一，理论与实践高度结合，是岩土工程师成功的不二法门。

　　岩土工程的所有知识，小至一块土、一个石头、一种地质现象，大至高深的理论，都是通过实践总结出来的。同时，又必须在实践中反复认识、反复检验、反复纠错，才能逐渐加深认识。花岗岩是最普通岩石，没有反复辨认过，能认识吗？黏性土的可塑性，没有摸过、搓过，能理解吗？只从书本上学习的知识，未经实践，是空虚的，不牢靠的；经过反复实践，知识才变得实实在在，受用一生。掌握了沉降计算方法，不等于真正懂得了沉降计算，必须经过反复工程实践，才逐渐懂得荷载该怎么取值，参数该怎么选用，计算结果有多大的可靠性，怎样才能避免误入歧途。书本学习时已经明白的有效应力原理，到了实际工程该如何认识，如何处理，有的著名专家都有不同看法，很多岩土工程师干了一辈子也没真正弄清楚。至于勘测新技术、新方法，施工新技术、新方法，更必须在工程中反复应用，反复检验，才能真正掌握。

　　实践出真知，实践出新知，新知识都是从实践中总结出来的。黄土的湿陷，源于20世纪30年代苏联的一个钢铁基地，阿别列夫根据现场考察和工程资料，深入研究，得到了湿陷性土上建筑的一套理论和方法。20世纪70年代，我国几十个工程发生膨胀土事故，经集思广益，将经验教训系统化、条例化，编成了膨胀土规范。早先，鉴于高低层荷载差别很大，沉降差别很大，除了做沉降缝外，还预留了标高，但实践证明没有必要，不结合理论进行分析，怎么知道其中的缘由？如果只是忙于完成任务，怎么能温故而知新？

知识在哪里？知识在书本，知识更在现场。

上面讨论了知必行，下面来讨论行必知。这个问题似乎很简单，做工程的都是专业人员，当然懂得专业知识，但其实未必。公式、软件、标准、规范等，如知其然而不知其所以然，不注意实际情况和公式、软件有多少差别，和标准、规范的精神是否一致，盲目套用，就是当前普遍存在的一种不良倾向。譬如规范给出了承载力计算公式，如果不注意实际工程与公式假定有哪些差别，盲目代入计算，很可能发生错误。况且，根据有效应力原理，饱和黏性土的强度，其实不是固定的值，而是随着孔隙水压力的消散逐渐增长的。再譬如降低地下水位，如果只知道按规范、按常规方法计算，不深入考察现场条件，不了解薄夹层、渗出面的影响，就可能导致降水失效。知其然而不知其所以然，绝不是真知，极可能犯概念性错误。

我们要像太沙基那样，实践第一，深入现场，认真调查，不断创新，把工程当学问做。地质学家的前辈们带着罗盘、铁锤、放大镜"三大件"，一步一步前行，一块石头一块石头敲打，仔细观察、对比和思考，事事追究成因，时时想着演化，营造出一座博大精深的地质学宝库，这种精神值得岩土工程师学习。经验只能一点一滴积累，认识只能一步一步提高，没有捷径可走。熟读规范而不求甚解，是一种急功近利的浮躁心态。

太沙基开创土力学后的一百年来，土力学的进步有目共睹，本构关系加深了对土性的认识，数值法使计算技术发生了革命性的变化，勘测和施工技术今非昔比，工程规模和难度与当年更是天壤之别。但是，高深的学问似乎藏在学者们的书斋里，科学落后于技术，理论落后于实践。没有灵魂，再硬的拳脚也击不中要害，岩土工程的"基本面"似乎还是太沙基时代，没有再出现一位像太沙基那样知行合一，文韬武略，既是学者又是工程师的杰出人物。时势造英雄，按理现在正是造英雄的时势。国内土木工程方兴未艾，"一带一路"引领我们走向世界，环境岩土开辟出一片崭新的巨大空间，互联网、大数据、智能化为岩土插上新技术翅膀，超越太沙基，在他学术思想的指引下推陈出新，万事俱备，只欠东风了。

东风是什么？"东"就是正确的方向；"风"就是强劲的动力。本文用了不少文字谈方向，没有谈动力。在市场经济的环境中，动力应该是良性竞争，有序竞争。比谁做得优秀，比谁做得安全而经济，争先恐后地创新，争先恐后地采用适用的新技术，期望这种场景早日出现。

后太沙基时代，何时才能来临？

4 某法院《判决书》的讨论

某工程发生事故后诉诸法院,法庭审理作出判决后议论纷纷。友人组织了一次工程与法律的跨界讨论,本篇是笔者参与讨论的三次书面发言,因部分内容在本书《漫谈岩土工程咨询》《注册师的定位与担当》《岩土工程标准化的历史性变革》中已有涉及,编入时稍有修改。

4.1 讨论之一:《判决书》

2008 年,某公司新建厂房及综合楼,暴雨后地下室顶板露天部分有上抬现象,地下室部分框架的柱、梁、板及隔墙出现裂缝。经鉴定认为,是由于地表水渗入基坑四周,使地下水位上升,导致地下室底板受到浮力,而地下室自重不足以抵抗浮力所致。事故引发业主、勘察单位、设计单位、施工单位经济纠纷,诉诸法院。法庭审理判决后引发岩土工程界的关注,进行工程与法律跨界讨论。笔者并未参与本案,亦未查阅相关技术文件,仅根据《判决书》,从技术角度谈点看法,请批评指正。

(1)《判决书》表述问题

《判决书》中有一段为:"该场地地下水按赋存条件分为填土中的透镜状上层滞水和基岩风化裂隙水,地下水补给来源为大气降水。即该场地经勘察本身无地下水存在。"窃以为这段表述值得商榷。

地面以下的水都是地下水，包括土中水和岩石中的水，例如潜水、承压水、上层滞水、裂隙水、岩溶水以及相对隔水层所含的水等，赋存形式不同而已。地面以上的水是地表水，地表水渗入地下即为地下水，地下水流出地面即为地表水，这是粗浅的道理。为什么透镜状上层滞水和基岩风化裂隙水不是地下水？"该场地经勘察本身无地下水存在"，是概念性错误。

既已认定"该场地经勘察本身无地下水存在"，又认为"该场地地下水按赋存条件分为填土中的透镜状上层滞水和基岩风化裂隙水，地下水补给来源为大气降水"，前后矛盾，这是逻辑性错误。

勘察单位认为场地本身无地下水，可能是误以为只有含水层中的水才是地下水，这是把地下水的内涵窄化了。所谓"含水层""隔水层"其实都有水，渗透性强弱不同而已。这一点外行人可能不知道，专业人员应当清清楚楚，这是基本概念，基本常识。

"含泥的砾石是隔水层"，意思是没有水，没有浮力。其实，地下水的浮力，即静水压力，与土的渗透性强弱没有关系。所有饱和土中的水都有浮力，与渗透性强弱毫无关系。所谓隔水，是相对的。淤泥的渗透性很小，但照样有浮力。

（2）肥槽浸水问题

肥槽回填不实，雨水和地表水渗入，与原有地下水连成一体，抬高压力水头，致浮力增大而损害地下室的事故，很多见。地下水位的升降，取决于它的补给和排泄条件，补给大于排泄，即输入大于输出，必然积累，水位上升；反之，排泄大于补给，即输出大于输入，必然亏损，水位下降。浅层地下水的补给主要源于大气降水，大气降水渗入地下的多少，主要取决于浅层土的渗透性。如肥槽没有填实，成为雨水和地表水渗入地下的通道，可引发水位上升。因此，理论上回填土的渗透系数必须小于周边原土的渗透系数。由于不易掌握，故工程上用压实系数控制。

本工程基坑超挖，用大块碎石回填，其渗透系数必然大于周边原岩。肥槽回填不实，其渗透系数必然大于周边原土。一旦发生强降雨，如果地面排水没有做好，则雨水和地表水大量渗入，补给迅速增加，而周边的岩土体渗透性较小，排泄不畅，水位必然上升，浮力迅速增大。

庭审过程中各方对暴雨关注较多，似乎如有暴雨，则是事故的自然因素。其实，水位上升主要取决于三方面，一是降雨的时间和强度，二是地形坡度，三是浅层土的渗透性。短时间的强降雨称为暴雨，如果做好地面排水，肥槽填实，则大部分水以地表径流的形式排出，渗入地下不多。因此，不应孤立地强调暴雨强度，暴雨不是不可抗力，只要措施适当，即使发生超气象记录的强降雨，也完全可以预防。

相关责任如何判定？应根据事实，以法律、法规为判据。下面是我个人从岩土专业角度谈些看法。

如勘察单位确认场地无地下水，不需考虑抗浮设防，则属于定性错误，误导了设计，应负主要责任。

如施工单位确实未按要求回填肥槽，超挖回填未告知业主和设计单位，应负直接责任。

设计单位虽被勘察报告误导，但作为相关专业的设计人员，应能发现勘察报告的重大失误，应提出质疑。如未提出质疑而未作抗浮考虑，应负相关责任。

如业主知晓施工超挖回填，知晓肥槽回填不合格而签字验收，应负相关责任。

4.2 讨论之二：判据

以事实为根据，以法律为准绳，是法庭判案的基本原则。但对于工程问题，因涉及很多专业知识和专业技术，有些问题法律、法规没有相应规定，如何判断是非曲直，是一个非常复杂的问题。下面谈些个人看法，一起讨论。

1）法律、法规和技术标准

凡法律、法规有规定的，以相关法律、法规为依据，无条件执行，这是十分明确的。如果觉得法律、法规不合理，可以提出意见，要求修订，但在修订发布之前，仍必须执行。技术标准情况比较复杂，需要做些说明。

20世纪80年代以来，我国虽有强制性、推荐性两类标准，但多数为强制性标准，用"必须""应""宜""可"等区分严格程度。21世纪初，从强制性标准中摘出部分条款，编成《工程建设标准强制性条文》，作为临时性技术法规。2017年11月，新的《中华人民共和国标准化法》发布，规定强制性国家标准全文强制执行，其他标准一律不设置强制性条文，标准化体系将发生很大改变。由于岩土工程方面按新《中华人民共和国标准化法》制订的国家强制性标准尚未出台，旧的标准仍在继续执行，目前正处于过渡时期（注：讨论时间为2021年5月，此案判决时间更早）。

（1）按新标准化体系

按新《中华人民共和国标准化法》编制的国家强制性标准，全文强制执行，视同技术法规，任何条款均不得违反，作为判据十分明确。其他标准，包括非强制性的国家标准、行业标准、地方标准、团体标准、企业标准，凡列入合同的双方均应遵守，如有违反，按违反合同处置。如果由于执行合同规定的技术标准而发生了事故，则双方都有责任，任何一方均无法追究对方。合同未规定的技术标准对本工程没有效力。

（2）按旧标准化体系

《工程建设标准强制性条文》视同技术法规，可作为法定判据。

强制性国家标准、行业标准、地方标准，未列入《工程建设标准强制性条文》的条款，按"必须""应""宜""可"等严格程度判定，如控辩双方有不同理解，则通过法庭辩论解决。

对推荐性标准，凡列入合同的双方均应遵守，如有违反，按违反合同处置。未列入合同的，只作为参考，不作为判据。

2）确定性专业问题

岩土工程中的很多专业问题，没有法规，也没有技术标准，是非曲直的判据只能依靠专业知识，通过法庭辩论解决。专业性问题中可分为确定性问题和非确定性问题两大类，先讨论确定性专业问题。

可重新测定的数据错误、计算错误、基本概念错误，都属于确定性错误。譬如按某一标准测定的某一指标，如有质疑，可重新测定，以误差是否超出规定范围为判据。各种室内土工试验、各种原位测试、各种水质分析指标，是否有湿陷性、膨胀性等，均可重新试验作为判据。同一计算模式、同一计算参数，计算结果必然相同，是否有误，重复计算即可判定。基本概念在专业人士心目中是常识，也是确定的，一般不需辩论，有些非专业人员也是一听就能明白。如有不同认识，可邀请专家或权威部门出庭作证，通过法庭辩论解决。这类问题黑白分明，是非曲直容易判定。

3）非确定性专业的问题

这类问题判断时主观性很强，缺乏明确判据，发生纠纷时只能通过举证、辩论、邀请专家或权威部门鉴定，最终由法庭裁决。这类问题极为多样，举例如下：

（1）不可重测的数据，例如勘察时测定的地下水位无法重测，只能推断；

（2）推测性界限和难以确切查明的问题，例如钻孔之间的地质界线，难以确切查明的地下洞穴、破碎带、地下埋藏物；

（3）经验数据，例如杂填土、碎石土的力学指标，由触探、标贯根据经验得到的力学指标；

（4）综合判断的数据和综合判断的结论，例如勘察工作是否充分，采用方法是否正确，地基基础设计方案是否合理，结构措施、防水措施是否有效等；

（5）困难问题，例如地震引发地质灾害的预测；

（6）客观原因造成的资料不充分，例如边远地区、海外工程。

4）不可预见性，不可抗力

不可预见的事故，当事人不承担责任。其中有些法律、法规有规定，按有关法律、法规执行。有些法律、法规没有规定，属于专业性的不可预见，当认识不一致时，可邀请专家或权威单位作证，进行法庭辩论，由法庭裁定。

由此可知，最明确最有说服力的判据为法律、法规、强制性国家标准，其次是确定性的专业问题，最难判断的是非确定性的专业问题，法庭辩论的主要就是这类问题。

4.3　讨论之三：启示

（1）工程师要学法、知法、守法

计划经济体制下，企业没有自身的经济利益，发生纠纷找政府，由政府主管部门主持解决。工程有了问题，政府主动介入，界定责任。市场经济体制下，企业作为经济实体，在市场上依法竞争，保护自身利益是法律赋予的权利。除了政府工程、涉及刑事责任，政府主动介入外，如果只涉及经济问题，有纠纷，找仲裁，找法院，由仲裁机构裁定，或由法庭判决。二者不同的原因很简单，计划经济体制下，所有工程都是国有，一切由政府管理；市场经济体制下，企业是市场主体，各有自己的经济利益，有了纠纷，通过仲裁或法庭判决顺理成章。

我国目前市场经济还不是很成熟，有纠纷找政府和政府主动介入的情况还不少，但诉诸法院的事件已经逐渐增多，以后还会越来越多。市场经济是法治经济，因此，岩土工程师应注意学习法律，了解诉讼程序，以维护自己的正当权益；法庭辩论时提供证据，必要时聘请律师和专家出庭作证，要求做技术鉴定等，会逐渐成为常态。对于政府介入的案件，如果觉得不当，也可以诉诸司法部门。

我国虽然有仲裁，但不完善，主要问题在于缺乏各方都信任的仲裁机构。

（2）行政法规和技术法规

《判决书》中有这样一段："按照国家建筑设计规定，设计单位在建筑设计时必须严格依据勘察报告的要求（不能另行判定地质情况），勘察报告中没有涉及地下水浮力的影响问题，因此设计单位不需要考虑抗浮，即使设计单位要想设计抗浮，也无地勘依据"。这个表述是否符合当时有关行政法规的精神，笔者未予查考，但从道理上讲，我觉得是不正确的。

工程建设由设计、信息、施工三部分力量共同完成，设计是技术决策部门，是核心。所谓信息，包括设计前的勘察测试，设计中和设计后的检测和监测，施工过程中的信息，使用维护过程中的信息，都是为设计做技术决策服务的。施工是工程的建造实施，主要职责是按图施工。勘察和施工单位可以对技术决策提出建议，但采纳不采纳由设计单位决定。像打仗一样，由指挥系统、情报系统、作战系统三部分组成，指挥系统是决策核心，情报系统提供信息，作战系统负责实施。勘察可以从信息角度提出决策建议，应到位而不越位。设计决策如听命于信息部门（勘察），不是本末倒置了吗？

由此可知，制定准确的行政法规和技术法规是多么重要，不仅关系到专业人员，也关系到司法部门和广大公众。务求公正、合理、准确，还要咬文嚼字，条条斟酌，句句斟酌，字字斟酌，不会产生歧义。行政法规和技术法规是公认的明确的司法判据，是维护市场秩序和促进技术进步和经济发展的法律保证，如有必要，应及时修订。

（3）概念和逻辑

对专业人员来说，必须牢牢掌握基本概念，绝对不能犯概念性错误。前面提到的"含水层""隔水层"便是很好的例子。水文地质学将地层分为含水层和隔水层，本是为了分析计算而做的简化，把容易抽出水的地层称含水层，把含水层之间透水性弱的地层称隔水层，不能望文生义，既然含水层含水，隔水层就想当然没有水。这个问题非专业公众不知道可以理解，专业人员也糊涂就不对了。

法庭辩论最忌讳的是逻辑性错误。譬如本案的《判决书》，既说场地无地下水，又说地下水为上层滞水和裂隙水，到底是有地下水还是没有地下水？

（4）举证和反驳

法庭辩论是短兵相接的舌战，决定胜负的主要因素当然在于理在那一方。但辩论的技巧也很重要，否则有理也会输掉，那就太亏了。辩论时举证，一要铁证如山，滴水不漏；二要舍弃枝节，突出重点；三要提到原则高度，不就事论事。反驳可从两方面寻找突破口，一是对方举证是否有数据或事实错误，是否虚假，甚至伪证；二是定性是否错误，是否曲解法律、法规。下面举个实例来说明。

20世纪90年代，某银行大楼因过量沉降而发生结构性破坏，要鉴定设计是否有误。鉴定专家组查阅了文件，发现勘察设计存在诸多问题，但只抓住了挤土效应一个，即挤土使基桩折断、倾斜和上浮，从而使建筑物产生严重不均匀沉降，其他问题都不提了。该工程的地基是淤泥质土，对挤土极为敏感，这是公认的；设计的桩型是沉管式灌注桩，是一种挤土桩，这也不会有异议；设计的桩距过小，超越了规范，这是明显的违反规范。这样定性经得起专家质疑，经得起官方和公众的质疑，经得起历史的考验。如果涉及过多，陷入无休止的争论，那就被动了。由于切中要害，事实无误，原理公认，规范有明确规定，也没有留下任何破绽，办成了铁案。

我的一生中主要工作在计划经济时代，没有学过法律，对现在的行政法规和市场运作知之甚少，只能从"门外汉"的角度参与讨论，深感矮小和无知。我国是法治社会，希望年轻的朋友们既要精通技术，还要学法、知法、守法，以保障自身的权益，在市场竞争中拼搏。

5　填沟建城的科学实践

本篇是为《延安新区黄土丘陵沟壑区域工程造地实践》一书写的序。延安是历史文化名城，造地建设新区是千年大计。该工程不仅是厚达百米的巨型高填方，更是丘陵沟壑地区大规模开山填沟生态工程的重大实践，史无前例，在全国类似地区有示范作用。编纂本书时，又收到延安新区管委会高建中先生发来的最新监测成果（后有附记），填方区的沉降已经基本稳定，排水系统运行正常，地下水控制良好，生态环境显著改善，昔日的穷山恶水，已经变成了安居宜居的乐园。重大的工程实践虽然已经完成，大规模的科学试验还在继续。以下为原文。

读了《延安新区黄土丘陵沟壑区域工程造地实践》（以下简称《造地实践》）文稿之后，真是感慨万千！给我第一个深刻印象就是"实"，明白的事实，翔实的数据，平实的语言，忠实的纪录，具有极强的说服力，让人心服口服。几家强强联合的专业团队，合作完成了这项巨型工程，写成这本《造地实践》，值得好好学习，值得向岩土界同行、向建设行业、向建设决策部门推荐。

革命圣地延安，地处黄土丘陵沟壑区的延水两岸，空间极为狭窄，经济长期不能发展。老城区在延水河谷线形布局，交通拥堵，古迹受到侵害，居住条件十分困难。为了圆延安百姓的安居梦，为了城市的发展、进步和现代化，必须设法突围。唯一选择只有"中疏外扩，上山建城"一条出路。但上山建城必须平山填沟，改变山川形势，风险很大。决策者深谋远虑，尊重科学，经过多年论证、规划、勘察、设计、施工、检测、监测，到今天，终于完成了新区的岩土工程建设任务。在湿陷性黄土区平山填沟造地，其规模之大，难度之高，举世无双。延安的突破，对我国黄土沟壑区、山区城市的发展和建设，有重要的示范意义。

　　造地用于城市建设，首先要确保安全。延安新区工程造地的主要风险有两方面：一是最大填方厚度超过100m，总沉降和差异沉降都很大，包括原土地基压缩沉降、湿陷性黄土增湿沉降、填筑体自身压缩沉降，且难以预测，难以控制。工后沉降何时才能达到建设标准？《造地实践》详尽记述了解决这个难题的方法和过程，翔实的数据表明，实测沉降小于预期；填方70m以内的沉降速率，5年内均已先后达到标准，填方厚度100～110m的地段也已小于0.14mm/d。无论挖方区还是填方区，安全均无问题。二是地下水的疏导和控制，更是难以预测，难以控制。平山填沟极大地改变了自然环境，地下水均衡被完全打破，如不给以出路，水位必将上升，在填筑体内形成新的水体。不仅关乎建筑、市政、边坡的安全，还涉及生态问题。《造地实践》详细介绍了解决地下水问题的方法和过程，监测数据表明，地表水、地下水疏导工程效果良好，填筑体内并无地下水上升现象，边坡位移很小，并趋于收敛。延安新区的建设者们以非凡的智慧和勇气，敢于突破，善于突破，敢于创新，勇于创新，值得我们学习。

工程建设大挖大填本应尽量避免，以免破坏生态，造成预料不到的不良后果。但有些工程无法避免，如我国中西部的机场建设、核电厂工程、围海造陆、水利枢纽工程等。大量成功的案例表明，只要认真做好科学论证，精心勘察设计，精心施工监测，是完全可以做好的。有人怀疑延安控制地下水的做法能否经得住数十年、数百年的考验，其实，延安新区建设者是十分谨慎的，已经有了这方面的科学预见，准备了预案。况且，渗入地下的水量有限，水位上升速度缓慢，完全不同于突发性地质灾害。即使遇到连续特大暴雨，也主要形成地表径流，地下水位不会突然大幅度上升。如果若干年后出现异常，完全有时间启动预案，或者采用新的工程措施，也还来得及，根本不必多虑，可持续发展是毋庸置疑的。

《造地实践》用填沟造地前后对比的手法，用照片、图片、数据显示生态环境的变化。这里本是黄土丘陵沟壑，山高坡陡，水土流失严重，穷山恶水，灾害频发，生态极为脆弱。工程造地的一个重要指导思想，就是坚决贯彻中央生态文明建设的方针，填沟造地后，地形由陡坡变为平地，地表水由急流变为缓流，土方工程达到设计标高后，第一件要事就是种草、植树、绿化。因此，造地建城失去的是昔日恶劣的、衰退的生态环境，得到的是生机勃勃、充满活力的新生态，是美丽宜居的新家园。

造地建城是千年大计，不仅要造福当代，更要造福子孙。保护自然，保护生态，是现代文明的共识。当初有人不赞成延安的做法，觉得对自然环境的触动太大了。但是，社会发展到今天，已经不可能再回到田园牧歌的时代，只能向工业化、城镇化、现代化方向发展。不触动自然固然好，对自然应当有敬畏感，但也不能绝对化，不能在自然面前无所作为。人和自然共处，改变自然是必然的。如果尊重自然、善待自然、趋利避害、合理控制，那么，虽然改变了山川形势，改变了自然原来的循环和平衡，但完全可以达到新的更好的循环和平衡。山沟变成了城市，却有了安居、宜居的环境，有了森林草地、鸟语花香的家园，有什么不好呢？和自然友好共处，最重要的是，不要和自然对抗，要认识自然规律，尊重自然规律，按自然规律办事，人与自然"双赢"。

《造地实践》提供了从开工前的原始数据，到岩土工程竣工5年的监测数据，用数据证明延安的成功。监测工作系统而周密，填方区的表面和分层沉降、边坡的竖向和水平位移、土压力和孔隙水压力、土的含水率、地下水位、盲沟出水量等，可以说应有尽有。当然，城市的寿命以千年计，平山填沟造地建设起来的新城，能否经得起时间的考验，的确不是 5 年、10 年的成果所能断言。因此，长期持久的监测应继续，但需重新规划。已经完成使命的监测项目可以终止；今后仍有可能变化的项目（如地下水），监测内容和方法可以重新设计；必要的新的监测项目（如生态环境指标）可以提到议事日程。工程监测是保障工程安全的"预警机"；有系统监测的工地是科学研究的"实验室"。延安作为填沟造地建设的示范工程，应坚持持久地长期监测，不倦地科学研究，以丰富的数据继续做出令人折服的科学结论。

读了《造地实践》文稿，深受延安工程造地建设者的科学思想与工匠精神感动。科学思想是什么？是实事求是，服从真理，向深处钻，向高端攀，百折不挠，敢于挑战权威。工匠精神是什么？是力求完美，力求极致，一丝不苟，认真做好每一件作品。延安工程造地就是这样，多次邀请国内知名的专家进行科学论证；有陕西省和科技部的研究项目作为科技支撑；进行了大型现场科学试验；用模型楼进行实体试验；设计时认真构思方案，认真构思细节；工程实施时认真按要求操作，注意每一处微小异常，不放过每一个角落。延安工程造地的经验非常丰富，如整流域治理、团队的强强联合、分期分区建设、回填土的高标准压实、地下水的严密控制、"三面两体一水"的设计理念、系统而持久的长期监测等。我国山区城镇众多，各地情况不同，延安的具体做法不一定能照搬，但坚定的科学思想和工匠精神，肯定是有普遍意义的。

延安的岩土工程永远在路上。先期的造地画上了句号，后续的任务还在跟进；还要时刻关注新的变化，居安思危，预防不测；今后的环境岩土工程更是任重而道远，要不断改善生态，追求极致，把延安建设得越来越安全，越来越美丽。《造地实践》是一座宝库，蕴藏着丰富的工程经验和科学原理，等待着有志者挖掘。譬如压实填土的承载力、压缩性和透水性；非饱和土的沉降计算、非饱和土的竖向渗透、高填方区的渗流场、平山填沟的生态效应等，希望专家学者们在《造地实践》的基础上，继续深化和提高，为土力学和岩土工程的发展作贡献。

以下为附记：

根据延安新区管委会高建中发来截至 2022 年 6 月 30 日的监测数据，得到的结论要点如下：

（1）新区场地沉降已趋稳定，平均沉降速率由竣工初的每月 10.8mm 降为工后第 104 个月的 0.74mm，工后沉降介于 9.7 ~ 499.5mm 之间。按房屋建筑沉降标准（最后 100d 平均沉降速率 0.04mm/d）判定，填方厚度小于 70m 的区域于 2021 年 8 月全部稳定；70 ~ 110m 的区域 2021 年 10 月基本稳定（0.08mm/d）；按公路铁路路基、机场高填方沉降标准（最后 100d 平均沉降速率 0.17mm/d），则一期场地于 2017 年 9 月起全部稳定（小于 0.14mm/d）。由于坚持"先建挖方区，填方区先绿化、待沉降稳定后建设"的建设原则，填方区建筑沉降正常稳定，道路广场无异常沉降，运行良好。填方区 13 个高边坡监测点最大水平位移速率由初始 0.11mm/d 下降并稳定在目前的 0.01 ～ 0.03mm/d，高边坡稳固。

（2）地下盲沟排水系统运行 10 年的监测数据表明，盲沟设施排水通畅，水质清澈，主盲沟由施工初期最大出水量 32.6m³/h 下降并稳定在 18.5m³/h 左右。盲沟运行态势良好，地下水位总体平稳。9 年的持续监测表明，主沟大部分监测孔水位在盲沟高度或以下波动，并有小幅上升；主沟部分监测孔水位下降，桥沟沟口降幅明显；部分位于盲沟附近的监测孔至今未测到地下水，个别孔前期有水，逐步变化至无水；支沟水位普遍下降；均未出现持续剧烈升降的异常情况。故控制地下水位上升的地下盲沟排水系统效果良好，水位基本在原地面标高以下变化，未对压实填土造成影响。

（3）生态植被总体水平高于原貌，场平区绿化覆盖率达到 45.4%，生态修复区林地占比 68%，较岩土工程实施前提高了 38 个百分点，水土涵养能力明显增强。人工干预 3 年后,86% 的填方边坡已进入自然修复的主导状态，修复能力强劲。丘陵沟壑成为基本平坦的建设用地，水土流失已经彻底消除。经受住了2013年百年不遇强降雨的考验，防汛排洪系统完善，每年均安全度汛。空气质量优良率达95%以上，年平均气温较老城区低2℃左右，空气湿度明显高于老城区，气候环境得到改善。青山环绕、绿廊纵横、林草茂密，人与自然和谐共生的生态体系已经基本形成。

经过10年建设，新区为老城区民生改善、旧址保护提供了空间和条件，基本实现了2011年延安市第四次党代会确立的"中疏外扩、上山建城"的发展战略目标，为老城区建设"中国革命博物馆城"打下了坚实的基础。

2021年9月24日，延安新区管委会召开了以龚晓南院士为组长的岩土工程阶段性专家评估会。评估意见为（大意）：新区地质稳定安全，沉降小于可研报告预估，高边坡稳定，盲沟排水运行良好；生态环境显著改善，水分涵养能力明显增强，有效解决了水土流失，消除了地质灾害；场地防汛安全，经受了百年一遇强降雨的考验，历年安全度汛；坚持了正确的建设原则和保障措施，建筑物沉降正常稳定，道路运行良好。并建议坚持长期持续监测，重点加强地下水运行控制；做好敏感区建筑物、道路、广场的使用维护；加强科学研究，建立物联网监测平台，及时总结经验，推动行业技术进步。

6 构思巧妙，质量易控，原创性突破
——载体桩的启示

载体桩由波森特公司、清华大学、中国建筑科学研究院地基所"三强联合"研发，成本低、工效高、操作简便、易于推广，有很高的经济效益和社会效益。设计施工了 70 万根载体桩，应用的工程项目数以千计。20 年辛苦不寻常！2020 年 5 月 29 日，应邀参加了中国岩石力学与工程学会举办的评价会，专家们给予了很高的评价，在岩土工程领域达到了国际领先水平，我觉得当之无愧。

载体桩的科学性表现在力学的合理性。夯实本是地基加固最直接的方法，但表面强夯的夯坑周边土会隆起，使浅层土不能挤密，且极不均匀，要用"拍夯"找平，严重影响工效。载体桩的动力作用于地基深处，在巨大的自重压力下，土体不能隆起，只能挤密，效果远好于表面强夯。

桩基与天然地基，都是混凝土与土直接接触，混凝土的强度和刚度比土高得多，两者直接接触，土中应力分布极为复杂，且难以匹配，是"硬着陆"。载体桩（图 6-1）的"载体"是桩与土两种材料的过渡带，载体上部的水泥砂拌合物与混凝土桩接触，载体下部的夯实挤密土与天然土接触，强度与刚度逐渐过渡。随着应力水平的逐渐减小，材料的强度和刚度也逐渐降低，是一种"软着陆"。理论上非常合理，构思上十分巧妙，既有科学性，又有艺术性。

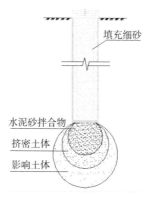

填充细砂

水泥砂拌合物
挤密土体
影响土体

图6-1 载体桩剖面

　　地基基础是隐蔽工程，工程质量是人们普遍担心的问题。钻孔灌注桩最令人头痛的是孔底沉渣，载体桩的底下是硬邦邦的夯实水泥土拌合物，彻底摆脱了让人生畏的沉渣。我非常欣赏用三击贯入度控制载体桩的承载能力，三击贯入度本质是一种原位测试，但这种原位测试不必停止施工专门进行，也没有复杂的仪器设备和工艺流程。三击贯入度不仅确保了每根载体桩的质量，而且可以自动克服土体的不均匀性，大大减少基础的差异沉降。质量的易控性是载体桩突出的优点，工程风险极低，让大家放心。

载体桩的技术核心在于"载体"，与传统的桩基础完全不同：将上部结构的应力传到地基深处，它是桩基础、深基础；用柱锤在孔内强夯，挤密地基土，是地基处理；利用载体扩大与土的接触面积，又像扩展基础。集桩基础、地基处理、扩展基础于一身，是基础工程总体构思的重大突破，是原创性突破。

载体桩成果是理论与实践高度结合的典范，构思巧妙，质量易控，具有原创性突破，在岩土工程发展方向方面起到了示范作用，值得我们学习。

7 固结状态的局限

　　国际上很早就根据土的有效覆盖压力和先期固结压力，将土分为欠固结、正常固结和超固结三种固结状态，分别给出了沉降计算公式，传入我国也已经几十年，但未列入《建筑地基基础设计规范》GB 50007—2011。应该说，三种固结状态符合有效应力原理，欠固结土表示在有效覆盖压力下，孔隙水压力尚未完全消散，尚未完成固结，作为建筑物地基，除了附加应力产生的沉降外，还有自重压力产生的沉降。正常固结土由于有效覆盖压力下的固结已经完成，故只需计算附加应力产生的沉降。而超固结土，由于先前已经受过较大压力，后来卸去，在附加应力作用下，部分或全部为回弹再压缩变形，回弹再压缩远低于初始压缩，故沉降量必然低于正常固结土。

　　根据压硬性原理，在有效覆盖压力作用下，随着孔隙水的排出，孔隙比的减小，土的强度和刚度逐渐提高。图 7-1 中上部为土的孔隙比与压力（对数）关系，显示随着压力的增加，孔隙比的变化和土的刚度提高；下部为土的强度与压力关系，显示随着压力的增加，土的强度增加。

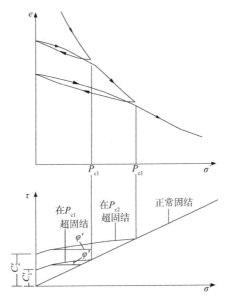

图 7-1 压力与孔隙比、强度的关系（C.R. 斯科特）

根据这个原理，勘察时应提供先期固结压力、压缩指数和再压缩指数；设计时根据附加应力和这些参数进行计算。按土力学原理，这种计算方法，比不考虑固结状态的方法更为合理。

三种固结状态的理论基础是有效应力原理，有助于对土的压密固结和抗剪强度本质的理解。但是，传统土力学实际上是饱和土的土力学，水中沉积土的土力学，却不能解释所有土。所以，三种固结状态也只宜用于在覆盖压力（包括曾经有过现已卸除的覆盖压力）作用下

压密固结的土,即冲积土、洪积土、海相沉积土、湖相沉积土等。而有些土强度和刚度的形成,与有效覆盖压力毫无关系,例如:

(1)黄土

在我国西北、华北地区有大面积分布,是风成沉积而不是水中沉积,是典型的非饱和土。由于从未被水浸过,故水稳性差,一旦浸水,会瞬时大量下沉,产生湿陷。有的在附加压力下湿陷,有的在自重压力下即可湿陷。黄土强度和刚度的形成主要不在于压密,更谈不上排水固结,而在于它的结构强度。即粉土粒是以点接触为主的架空结构,由少量盐晶和黏粒胶结形成结构强度。因此,黄土不能套用上述固结状态理论。

(2)残积土

花岗岩、片麻岩等岩石风化形成的残积土,没有经过长途搬运沉积,没有经过沿途撞击、摩擦、氧化、溶解、分选,是岩石风化后直接在原地残留,保留着岩石的残余黏聚力,也是一种结构强度。强度和刚度的大小,随母岩类型、气候环境、风化时间等因素而异,与覆盖压力、压密固结毫无关系,固结状态理论当然也不适用。

(3)红土和红黏土

红土是在高温、高湿、氧化的气候环境中,风化物中的碱金属、碱土金属和硅离子迁移,铁和铝的氧化物积聚,黏土颗粒聚集,即在红土化的地质作用下形成。

由于铁的氧化物呈红色，故形成红土。红土中的负离子与铁、铝阳离子结合，形成水稳性相当好的结构强度。碳酸盐岩石风化的红黏土是红土的一个亚种，在我国西南地区分布很广。黏粒含量、液限和孔隙比都相当高，但相对于其他高液限、高孔隙比的土，强度较高。红土和红黏土的强度和刚度，均源于结构强度。由于表层蒸发，下接不透水的基岩，故上硬下软，与水中沉积土的规律正好相反。红土和红黏土强度和刚度的形成，显然不能用覆盖压力下压密和固结状态解释。

（4）膨胀土

我国膨胀土分布很广，因为很硬，有人称之为膨胀硬黏土。产生膨胀的内在主要因素是蒙脱石的亲水性，外在因素主要是水分迁移，机制相当复杂。有人说，膨胀土是"超固结土"，但这种"超固结性"并非由于有效覆盖压力，而是由于反复胀缩、挤压所致，不是真正意义上的超固结。传统土力学的渗透理论、固结理论、强度理论、土压力理论等，似乎都用不上，固结状态理论当然也不适用。

（5）砂土

上面提到三种固结状态适用于水中沉积土，其实只限于水中沉积的黏性土，不包括砂土。砂土的强度和刚度取决于它的密实度，砂土很难压密，但能振密，水的流动也可以提高它的密实度。河流中的水、海洋中的水都向低处流，推动砂粒，使其趋于密实。地下水位的上下波动，也可推动砂土密实。只有风成砂是真正的松散砂，灌水可使其趋于密实。因此，虽然大多砂土为流水沉积，但由于其密实度与压力和固结无关，故同样不适宜用固结状态描述。

由此可见，三种固结状态不具有普遍意义。上述这些土在我国分布很广，如果想用固结状态描述，那就是缘木求鱼了。固结状态建立在有效应力原理的基础上，因而有效应力原理的应用范围也是有限的。太沙基告诉了我们有效应力原理，让我们得到了一把解开土力学之谜的钥匙，我们一定要学好、用好。但不是一把万能钥匙，还有很多钥匙等待着我们去寻找，去打造。

以上是从土性层面上讨论固结状态的局限，此外，操作层面上的问题也不容忽视。首先是测定先期固结压力必须采用高压固结试验，必须使 e-$\lg p$ 曲线出现明显的直线段，这就大大增加了试验成本和试验时间。其次，用卡萨格兰德法在 e-$\lg p$ 曲线上用作图法求先期固结压力，是一种经验方法，虽被国内外普遍采用，但求出的先期固结压力未必就是真正的先期固结压力。最后，也是最重要的，目前我国取样质量普遍较差，试验人员素质有限，简单的试验还马马虎虎，复杂一些的试验实在使人信心不足。我审阅过的勘察报告中，相当多的先期固结压力有问题，甚至完全不可信。由于先期固结压力给不准，固结状态便不可靠，据以计算的沉降量就难以使人满意了。《建筑地基基础设计规范》GB 50007—2011 未将该法列入，不是不求先进，恐怕主要还是从我国的实际情况出发，将这个问题一并归纳在经验修正系数中。因此，设计者在采用规范方法计算时，应注意公式忽略了固结状态；当采用考虑固结状态的计算方法时，应注意勘察报告提供的数据是否合理，是否可靠。

　　将局部经验作为普遍真理是经验主义，不顾实际条件盲目套用理论是教条主义，岩土工程师都要注意防止。

8 覆盖效应与水分迁移

读了《机场锅盖现象》一文，很有启发，写一点与之相关的现象和思考。

敦煌机场在20世纪80年代时，由于跑道道面下埋藏着盐胀性硫酸盐渍土，建成后出现鼓胀变形，逐年加重，多次翻修无效，直到20世纪90年代中期才初步查明原因。道面鼓胀的内因是无水芒硝在一定条件下转化为十水芒硝，体积膨胀引起；而水分的获得，即病害的外因，则与道面的覆盖有关。干燥地区强烈的蒸发作用，使水盐向表面迁移，覆盖使水不能有效蒸发，聚在道面下。秋冬季节道面成了冷凝器，水汽在道面下凝结，为盐胀提供了水源。

20世纪60—70年代，我国多地发生膨胀土事故。公路路面鼓胀，轻型建筑物周边沉降，中间膨胀，基础外倾，墙角倒八字裂缝，损坏严重。内因是土中含有大量亲水矿物，遇水膨胀，失水收缩；外因则与水分迁移有关。也就是由于路面和建筑物的覆盖效应，被覆盖地段失去蒸发条件，增湿膨胀，周边无覆盖地段蒸发，失水下沉。

由图8-1可见，地面以下水分的迁移，对冻土、膨胀土、盐渍土等特殊土的工程性质会产生重大影响。或者说，

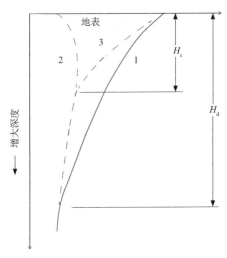

1—有覆盖，含水率显著增大，干季也不减小；2—无覆盖，干季蒸发为主，含水率低；

3—无覆盖，湿季降雨，含水率高

图 8-1　膨胀土有覆盖和无覆盖含水率与深度关系

　　这些特殊土的工程问题，都是由于土中水分的迁移引起的。没有水的迁移，阻止水的迁移，工程问题便不会发生。加强对地下水分迁移规律的科学研究，或许是解决这些特殊土工程问题更好的突破口。

　　如果我们将地面以下的水统称之谓地下水，即广义的地下水。那么，地下水的岩土工程问题，绝非一个达西定律所能概括的。达西定律仅仅涉及饱和土中水的渗透，还有非饱和土中水的渗透，非重力作用水的迁移（毛细管张力、水蒸气迁移），还有蒸发、凝结、冰冻、融化等水的三态变化，有溶解、沉淀、吸附、弥散等物理化学作用，都会对工程造成很大影响。这些问题中，有的经验多一些，有的经验少一些，但都不系统，更没有构成岩土工程理论。非饱和土渗透虽然提出了理论，但与实用还差得很远。

我曾说过："岩土工程难于水"。因为水是岩土三相中最活跃、最不稳定、最复杂多变的因素，希望各位专家多多关注这方面的研究。

9   标准贯入试验尚待解决的一个重要问题

在各种原位测试方法中，标准贯入试验（SPT）用得最为普遍。不仅用于砂土，也用于黏性土，根据测试成果确定地基承载力等地基基础设计的问题。标准贯入的试验设备和试验方法国内外没有大的差别，但试验成果 N 值的修正则差别很大。这个问题很重要，我们这一辈未能解决，希望有志者尽快研究，予以解决。

9.1   几个基本概念

为了说明这个问题，先理一下强度、强度指标、承载力、密实度等几个基本概念。

土的强度和强度指标是两个概念：强度指标为内摩擦角 φ 和黏聚力 c，表征土的固有力学性质；而强度则随着法向力提高而提高，即 $\tau = c + \sigma \tan\varphi$。砂土只有摩擦强度，没有黏聚力，所以没有法向力就没有强度。地基承载力与土的强度有关，无论哪个理论公式，除了土的强度指标外，都包含地基土所在位置的有效覆盖压力，随着有效覆盖压力的增大而提高。承载力的深宽修正与理论公式一脉相承，且内摩擦角越大，深度修正系数越大。

密实度虽然不是力学指标，但代表砂土的固有性能，

早期曾用孔隙比 e 或相对密度 D_r 表征，后因砂土不能取原状土做土工试验，改用标准贯入或其他原位测试方法，直到今天。密实度既然代表土的固有性能，理应与土的强度指标相关，与有效覆盖压力无关。譬如同是细砂，密实度相同，那么无论其深度多少，其孔隙比应基本相同，内摩擦角应基本相同。在考虑承载力时，再考虑有效覆盖压力这个因素。或者说，密实度只能与未经深宽修正的承载力相关。

那么，标准贯入试验锤击数 N 值是否与有效覆盖压力有关呢？回答是肯定的。不仅可以凭直觉判定，欧美一些学者的研究也证明了这一点，并采用修正为有效覆盖压力为 100kPa 的值作为标准的锤击数 N_1。因此，不能用实测的 N 值确定砂土密实度，必须首先进行有效覆盖压力修正。

1974 年版《工业与民用建筑地基基础设计规范》和1977 年版《工业与民用建筑工程地质勘察规范》曾规定，对标准贯入锤击数 N 值进行杆长修正，这个概念和上述有效覆盖压力修正完全不同，至 20 世纪 90 年代先后从这两本规范中删去，这个问题后面再详细介绍。这里着重指出的是，杆长修正和有效覆盖压力修正是两回事。

9.2 锤击能量标定

标贯器贯入土中的能量，取决于三个因素，一是锤击能量；二是探杆传导；三是孔底因素。孔底因素影响虽大，但很复杂，涉及钻探和标贯的操作，只能通过标准化操作解决，这里不去讨论了。锤击能量传给探杆系统，再传到标贯器贯入土中，国外已经开发出锤击能量的标定方法，将 N 值修正为标准能量的锤击数，从而大大提高了试验质量。

输入探杆锤击能量的标定原理如下：在锤垫附近设置测力计，量测和记录探杆受击打后的力 - 时间波形曲线（图 9-1）。

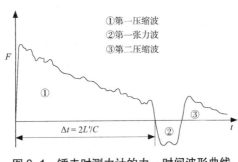

图 9-1　锤击时测力计的力 - 时间波形曲线

计算第一个压缩波的能量 E_i：

$$E_i = \frac{ck_1k_2k_c}{AE} \int_v^{\Delta t} [F(t)]^2 dt \qquad (9\text{-}1)$$

式中　$F(t)$——时间 t 时探杆中量测到的动压缩力；

　　　Δt——第一个应力波持续的时间；

　　　A——钻杆的截面面积；

　　　E——探杆的杨氏模量；

　　　k_1——测力点位置修正系数；

　　　k_2——当探杆系统长度 L 小于等代杆长 L_e 时的理论修正系数；

　　　k_c——理论弹性波速 c 修正为实际弹性波速 c_a 的修正系数；

　　　L_e——等代杆长，为锤质量与探杆单位长度质量之比。

$$k_1 = \frac{1-\exp(-4r_m)}{1-\exp[-4r_m(1-d)]}$$

$$k_2 = \frac{1}{1-\exp(-4r_m)} \qquad (9\text{-}2)$$

$$k_c = \frac{c_a}{c}$$

$$E^* = M_gH = 476\text{N} \cdot \text{m}$$

式中 r_m——探杆系统（总长 L）总质量 m 与锤质量 M 的比值；

d——$\Delta L / L$；

H——落距；

E^*——理论锤击动能。

实测应力波能量即第一压缩波能量 E_i 与理论锤击动能之比 ER_i（%）为

$$ER_i = E_i / E^*$$

可用实测的 ER_i 修正标贯锤击数 N_i，得到能量比为 60% 的锤击数。

$$N_{60} = (ER_i / 60) N_i \qquad (9\text{-}3)$$

式中 N_i——相应于能量比 ER_i 的实测锤击数；

N_{60}——锤击能量比为 60% 的标贯锤击数。

我国关于锤击能量标定的报道很少，明显落后于国际，这是很大的缺陷。笔者曾在 20 世纪 90 年代初有个团队，试图开发电测圆锥动力触探，即仿效电测静力触探，在圆锥探头上安装传感器测定动力，根据实测动阻力和贯入度确定土的工程特性，借以摆脱能量传递的干扰，使动力触探从粗糙变为精确。试验得到了一定成果，实测曲线与图 9-1 相似，幅值和频率随土的软硬而改变，开发前景很好。可惜当时测定冲击动力的传递器不过关，未能达到实用我就退休了，研制就此终结。现在，传感器的性能已有极大进步，开发标准贯入试验的动力标定和实测圆锥动探贯入土中的动力，技术上应该没有障碍，等着有志者开发了。

9.3　杆长修正

标贯锤击数 N 值的杆长修正,始于 74 版《地基规范》,接着 77 版《勘察规范》也采用相同的修正方法。规定杆长为 3～21m 时, N 值按下式修正:

$$N=aN'$$

式中, a 为杆长修正系数, 见表 9-1。

杆长修正系数　　　　　　　表 9-1

杆长（m）	< 3	6	9	12	15	18	21
a	1.00	0.92	0.86	0.81	0.77	0.73	0.70

该修正方法的依据和论证未能查考，但知道，表中的 a 值是以牛顿碰撞理论为基础求得的，并未做过实测。杆长修正限制为 21m，是由于杆长超过 21m 后，探杆系统（被击部件）质量已超过落锤质量,已不适用标贯试验。但是，20 世纪 80 年代初的上海宝钢工程，日本专家要求 SPT 最大深度达 70m，发现 N 值仍能有效反映土的力学性质。以后的实际工程，杆长甚至超过 100m，远超 21m 的限值，上述杆长修正方法遇到了挑战。

编制《岩土工程勘察规范》GB 50021—94 时，朱小林教授查阅了大量国际文献，发现上述修正方法在其他国家都不存在。多数国家不作杆长修正，只对有效覆盖压力和地下水修正。对于杆长影响，有的用弹性波理论，有的用碰撞理论，结果大不相同（图9-2）。

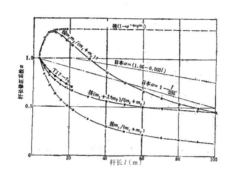

图9-2 不同理论计算的杆长修正系数（朱小林）

斯肯普顿认为，根据弹性波理论，当杆长小于10m时，随杆长的增加，有效能量逐渐增长，超过10m后趋于定值，见表9-2。

斯肯普顿杆长修正系数

表9-2

杆长 L（m）	3～4	4～6	6～10	＞10
有效能量比 e	0.75	0.85	0.95	1.00

美国ASTM的《动力触探试验应力波能量量测的标准试验方法》D 4633—88以应力波能量为理论基础的修

正系数 K_2 见表 9-3。

ASTM 杆长修正系数　　　　　表 9-3

杆长		能量修正系数 K_2	杆长修正系数 $1/K_2$
ft	m		
10	3.0	1.45	0.69
15	4.6	1.22	0.82
20	6.1	1.11	0.90
25	7.6	1.06	0.94
30	9.1	1.03	0.97
35	10.7	1.02	0.98
40	12.2	1.01	0.99
45	13.7	1.00	1.00

第一届贯入试验国际会议（ISOPT-1，1998）推荐的 SPT 试验规程，以应力波能量为基础，杆长修正系数见表 9-4。

第一届贯入试验国际会议杆长修正系数　　　表 9-4

杆长（m）	3	6	9	12	15	18	21
修正系数	0.77	0.92	0.97	0.99	1.0	1.0	1.0

1987 年同济大学朱小林教授等进行的专题试验研究结论与上面基本一致，认为用弹性应力波理论比碰撞理

论符合实际，当杆长超过 15m 后，实测的有效能量比趋于稳定值 0.91 ~ 0.93。杆长的影响远小于操作因素，可以忽略不计。

由于杆长修正理论上存在缺陷，又无实测依据，故《岩土工程勘察规范》GB 50021—94 删去了杆长修正，接着《建筑地基基础设计规范》GB 50007—2002 也予删除。至于用何种方法替代，有人主张采用国际上通用的有效覆盖压力修正和地下水修正，并以有效覆盖压力为 100kPa 的锤击数 N_1 为基准。但也有专家认为，尚未深入调查研究，不宜匆忙列入。因此，只在条文说明中交代："勘察报告应提供不作修正的 N 值，应用时再考虑修正或不修正，用何种方法修正"。由于未具体规定修正方法，故执行时不免出现随意性。采用有效覆盖压力修正和地下水修正的很少，有些行业规范和地方规范在 1974 年版规范杆长修正的基础上向外延伸，给出了 30m、50m 的杆长修正系数。N 值的修正在一定程度上产生混乱，至今仍悬而未决。

9.4　有效覆盖压力修正

土的强度指标为内摩擦角 φ 和黏聚力 c，表征土的固有力学性质；土的强度则随着法向力提高而提高。随着深度增加，有效覆盖压力增加，N 值也会提高。由于测试者关心的是土的固有力学性质，直接采用未经修正的 N

值显然不妥。

不同的土类，由于内摩擦角不同，修正系数 C_N 也会不同。对于砂土，部分学者建议的有效覆盖压力修正系数 C_N 见表 9-5。

有效覆盖压力修正系数 C_N 表 9-5

提出者及年代	C_N
Gibbs 和 Holtz（1957）	$C_N = \dfrac{39}{(0.23\sigma'_{vo} + 16)}$
Peck 等（1974）	$C_N = 0.771\mathrm{g}\left(\dfrac{2000}{\sigma'_{vo}}\right)$
Seed 等（1983）	$C_N = 1 - 1.251\mathrm{g}\left(\dfrac{\sigma'_{vo}}{100}\right)$
Skempton（1986）	$C_N = \dfrac{50}{(0.28\sigma'_{vo} + 27)}$ 或 $C_N = \dfrac{75}{(0.27\sigma'_{vo} + 48)}$

注：表内 σ'_{vo} 是有效上覆压力，以 kPa 计。

三十年过去了，至今还未解决，这是我们这代人欠下的一笔账。标准贯入试验是目前用得最多的原位测试，故一定要下力气解决。其实不仅是标贯，静力触探、动力触探、波速测试等也有类似的问题。由于取样室内试验存在种种问题，岩土工程界普遍看好原位测试，加强原位测试的研究势在必行。过去工程界主要致力于对比试验，积累经验关系。但是，实践必须有理论指导，没有理论指导的实践是盲目的实践。原位测试的应力条件比室内试验复杂得多，分析难度也大得多，希望理论基础深厚的专家教授们助一臂之力。

10 勘察报告中常见的一些问题

这是某次讲座上的一篇讲稿，做了一些文字上的修改。

前几年参与了一些勘察报告审查，看到一些值得思考的问题，今天提出来和大家讨论。这些似乎都是无足轻重的小问题，但也不能忽视。今天只是就事论事，不拟深入分析。

10.1 地质和岩土描述方面

（1）半成岩与风化

这里的"半成岩"指的是古近纪、新近纪及第四纪早期沉积的似岩非岩、似土非土，介于岩和土之间的岩土。由于沉积年代很短，划分风化带的意义不大。有的报告将比较坚硬的划为中等风化，比较松软的划为强风化、全风化，散体状的称残积土，恐怕是有问题的。半成岩的坚硬程度主要取决于胶结程度，主要取决于成岩作用时间的长短。成岩作用与风化作用是完全不同的两个概念，不能混淆。前者随时间越来越硬，后者随时间越来越软。风化程度分为微风化、中等风化、强风化、全风化，最适用于岩浆岩、变质岩，不一定适用于所有岩石。石灰岩、砂岩、泥岩等，有的地方就很难按4级划分。

（2）残积土的地质年代

目前通常的做法是将残积土定为第四纪；微风化、中等风化、强风化、全风化的岩石按原岩的地质年代确定。这样做法似乎有一定道理：风化岩是"岩"，按原岩；残积土是"土"，是第四纪。但还是有点不协调：风化岩和残积土都是原岩风化的产物，全风化与残积土之间并无客观存在的界限，划分的标准是人为主观规定的，所以总觉得有点牵强。譬如前寒武纪的片麻岩风化层，强风化、全风化是前寒武纪，其上的残积土突然是第四纪，难道两者之间有明显的地质界限吗？有些国家对残积土不确定其地质年代，或与风化岩一样，按原岩确定，请大家讨论。

（3）黏性土的描述

黏性土描述的内容，规范已有规定。我觉得最重要的是状态（坚硬、硬塑、可塑、软塑、流塑），因为黏性土的状态与土的强度、变形，地基承载力相关性最强，务必准确鉴定和记录。还要注意将野外记录的状态与实验室测定的液性指数对比，分析野外记录的"天然状态"与实验室测定的"重塑土状态"是否相符。一般情况下，野外记录的"天然状态"高于实验室测定的"重塑土状态"。因为黏性土或大或小有一定的结构强度，对比二者差异可以估计土的灵敏度。

有的勘察报告还描述干强度、韧性、摇振反应。其实，这些都是鉴别粉土、粉质黏土、黏土的方法，不必在报告中叙述。

（4）不应遗漏的记录事项

有一次参加勘察报告审查，口头介绍时才说，钻探过程中曾发生掉钻，但柱状图上没有反映。钻探过程中掉钻，说明地下可能有洞穴，是非常重要的问题，钻探记录绝对不能遗漏，柱状图上必须有反映。还有漏浆，说明地下可能有溶洞或破碎带，必须记录。深部地层本应相对密实，如果反而比上部松散，要特别注意，可能下面有洞穴或采空。土中混有砖瓦等非天然物质，对判断土的成因和年代有重要意义，也不能遗漏。

（5）物探报告与岩土工程勘察报告

工程物探在岩土工程勘察中常能发挥重要作用，解决一些常规勘察难以解决的问题。但有不少项目，做了物探，形成一本物探报告，而在岩土工程勘察报告中，只简单交代了物探的方法和结论，有的连结论都没有。到了设计人员手里，只关心岩土勘察报告的结论，物探报告被束之高阁。看来，不解决物探与岩土工程"两张皮"的问题，物探发挥不了应有的作用，甚至白做了。产生"两张皮"的原因，大概是因为地球物理勘探博大精深，是一个独立的专业，一门很深奥的学问，很复杂的技术，而且发展很快。岩土工程师懂得不多,设计者知道得更少。但既然岩土工程师要用物探,就不能不学习。至少应该知道方法的基本原理,能够解决什么问题,对场地条件有什么要求,有什么限制条件,探测成果能达到多少精度,探测结果的多解性,与其他勘探测试手段如何配合等。只有这样,才能与物探专业人员共同商讨采用哪种物探方法,如何在场地上布置,如何应用物探成果。并且,还要将物探发挥的作用在岩土工程勘察报告中体现出来,让设计者共享物探成果。

10.2 岩土特性指标方面

（1）更新统的欠固结土

更新统到今天已经一万年以上了,但某工程的勘察报告中竟然还存在欠固结土,并称经多次勘察进行高压固结试验,结果都是如此。更新统的土为欠固结土,并非完全不可能,譬如说,浅表有较厚的新沉积土,在覆盖压力作用下,使本已固结的更新统土重新压缩,超孔隙水尚未完全排出,又回到欠固结状态,但很少见。遇到这种情况,一定要慎重,反复推敲后再做结论。因为,现在确定固结状态的方法是,用先期固结压力与有效覆盖压力比较,确定欠固结、正常固结还是超固结。但先期固结压力的确定有多种方法,无论哪种方法都谈不上一定正确。常用的卡萨格兰德作图法是经验方法,人为因素不小，不能对其寄予过高期望。况且，土样结构扰动，试验操作不慎，都会影响成果。应结合浅表新沉积土的厚度、年代以及"欠固结土"的排水条件等，进行综合分析。

（2）反常数据

有经验的工程师都注意试验数据与野外记录比对，分析试验数据与野外描述是否一致；注意物理性指标与力学性指标之间是否匹配，室内试验成果与原位测试成果是否匹配。如有反常数据，一定要找出原因，予以解决。如野外描述为硬塑，室内试验为软塑；标贯锤击数较大，压缩模量却很小；土的含水率并不太高，抗剪强度指标却很低等。不固结不排水剪的内摩擦角应接近于0°，试验报告却大于8°；纯砂的天然休止角是内摩擦角的最小值，试验结果却明显高于经验值等，都是反常数值。数据反常的原因，或是某项试验操作上出了问题，或是野外记录不准，或是岩土自身特性而致。土粒相对密度常采用估值，不实测。对于砂粒以石英为主、黏粒以黏土矿物为主的通常情况，经验值误差很小。但当砂粒以云母、碳酸钙为主的特殊情况时，则必须实测，不能估计。

（3）不易准确测定的指标

土工试验指标中，有些指标很易准确测定，如土的含水率，有些指标则不易准确测定。不易准确测定的原因很复杂：首先是有的试验项目对原状土的质量要求高，如先期固结压力、三轴压缩试验、无侧限强度试验等；其次是有的试验项目对试验过程中的操作要求高，如三轴压缩试验、水位以下的载荷试验等；再次是有的试验项目环境条件恶劣，如海上钻孔十字板试验等。而这些试验项目的成果，往往非常重要，被设计者直接用于计算，因而使用勘察报告时应特别注意审阅。标准贯入试验极为常用，但成果比较粗糙，且操作不当极易造成成果失真，使用时应予注意。特别是目前，原状土质量普遍不高，勘察测试人员素质普遍偏低，更应特别谨慎。

（4）应附曲线图的指标

有些试验指标一定要附曲线图，有的还应有试验过程中的数据，否则，信息是不完整的。如土的抗剪强度试验（图 10-1 ~图 10-4），无论直剪还是三轴剪，有了曲线图才能看清楚强度包线是否准确，黏聚力和内摩擦角误差多大，数据的可靠性如何；高压固结试验（先期固结压力试验见图 10-5），有了曲线图才能知道先期固结压力的作图是否正常，先期固结压力点之前和之后的曲线形态，试验数据的可靠性如何；载荷试验（图 10-6）有了曲线图才能知道随压力、随时间的沉降变化过程，是否存在直线段，是否加载到破坏，陡降型还是缓变型，试验过程是否有异常；旁压试验（图 10-7）有了曲线图，才能看出试验过程是否正常，初始压力、临塑压力、极限压力是否可靠，直线段是否明显。

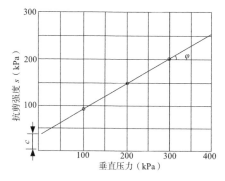

图 10-1 直剪试验

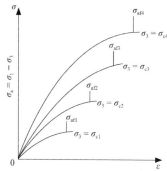

图 10-2 三轴试验应力应变曲线

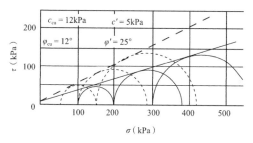

图 10-3 固结不排水试验

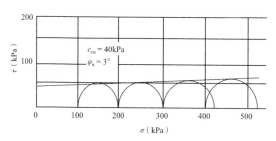

图 10-4 不固结不排水试验

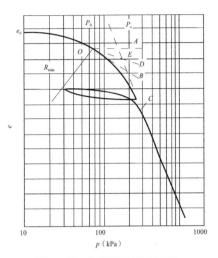

图 10-5 先期固结压力试验

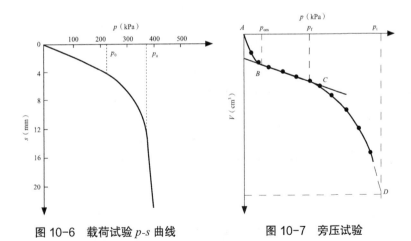

图 10-6 载荷试验 p-s 曲线

图 10-7 旁压试验

（5）三轴试验和直剪试验

现在勘察报告提供的抗剪强度指标，基于三轴试验的居多，这与规范要求有关。设计者也普遍知道，三轴试验优于直剪试验，希望提供三轴试验强度指标。与三轴试验相比，直剪试验的缺陷是明显的。首先是直剪限定在固定的剪切面上剪切，与理论剪损面并不一致，试样中的应力分布也比较复杂。更重要的是直剪不能控制排水，因而既不能测定土的有效应力强度指标，也不能真正测定总应力强度指标。所谓快剪、固结快剪、慢剪，只是粗略地将快剪近似于不固结不排水剪（UU），固结快剪近似于固结不排水剪（CU），慢剪近似于固结排水剪而已。三轴试验可以控制排水，可以测定土的有效应力和总应力两种强度指标。但由于很难估计实际工程剪切时的孔隙水压力，故有效应力强度实际上很少应用。总应力法的不固结不排水剪、固结不排水剪，都是特定固结条件和特定排水条件下的指标，必须充分理解其特定条件，结合经验使用。不过，怎样应用总应力法强度指标，何种情况用何种指标，是个相当复杂的问题，专家之间也有不同意见。

三轴试验的优势很显然，但是，不是有了好的仪器、好的方法，就一定能做出好的成果。没有高素质的试验人员，是不可能做出好的试验成果的。同时，若没有高质量的不扰动试样，再好的仪器，再高明的试验人员，也做不出高质量的成果，巧妇难为无米之炊。直剪试验虽然不理想，但操作简易，经验较多，资质较低的勘察单位容易掌握。现在就全国来说，勘察设计界真正理解三轴压缩力学原理的似乎并不多，有些设计人员甚至连简单概念也不清楚，勘察报告给什么数据就用什么数据。殊不知不同的固结条件和排水条件，试验成果差别非常大。用得不当，会得到错误的结果。有个工程，设计单位要求提供固结排水剪（CD）指标，我很担心，说不定会做出危险的判断。所以，当我审阅三轴试验抗剪强度指标数据时，我要先了解提供数据单位的技术实力如何，实力较强的可信度高一些，反之可信度就低。目前就全国而言，可信度多数不太高，有些试验成果很不靠谱。有份勘察报告，提供了粉砂 UU 试验的黏聚力为 25kPa，内摩擦角为 20°。粉砂为什么还要做 UU 试验？这两个数据能代表粉砂的抗剪强度指标吗？只能误导设计。也就是说，虽然从试验方法本身来说，三轴优于直剪，但从当前情况来看，普遍要求做三轴试验似乎未必现实。

10.3 地下水

（1）初见水位和稳定水位

从 20 世纪 50 年代学习苏联开始，就有"初见水位""稳定水位"两个术语，并被列入规范，一直应用到今天，主要用以判断是潜水还是承压水。如果稳定水位与初见水位齐平，就是潜水；如果稳定水位高于初见水位，就是承压水。稳定水位的意义很明确，就是勘探点所在位置地下水稳定时的水位标高（或深度），是客观存在。对于潜水，就是潜水面的标高（或深度）；对于承压水，就是承压水的水头标高（或深度）。但对于初见水位，在我的脑子里长期觉得很困惑。顾名思义，初见水位是钻探时初始见到的水位。但初见水位怎样量测？如在钻探过程中见水立即量测，对于砂层中的潜水，可以得到初见水位与稳定水位相等的正确结论；但对于黏性土中的潜水，由于渗水延迟，量测到的初见水位会低于稳定水位，出现误判。对于砂卵石层的承压水，一旦钻穿覆盖层，钻孔水位急剧上升，真正的初见水位是测不到的。

其实，是潜水还是承压水，根据稳定水位和含水层顶面的位置，是很容易判定的。我曾考虑弃用初见水位，但勘察界多数人士不赞成。我至今不明白，承压水的初见水位怎么测？初见水位有什么实用意义？

（2）不规律的稳定水位

天然条件下，不论潜水还是承压水，稳定水位都是有规律的，沿水力坡度从上游向下游流动。钻孔数量较多时，可以勾画出等水位线图。但现在，相当多的勘察报告，稳定水位忽高忽低，没有规律。由于自然条件下水力坡度很平缓，因而两个钻孔距离很近时，水位应该很接近，可是有的勘察报告差别却不小。原因很明显，稳定水位测量不准确。现在的工程地质钻探几乎都是泥浆钻进，有泥浆护壁的情况下是无法测定地下水位的。当然可以在旁边专设一个测水位的钻孔，但报告中并未交代，我也怀疑是否真正做到。地下水位是十分重要的工程地质信息，我年轻时大家都非常重视，确保测得准确。野外工作时间较长的工程，完工后还要统一测一次稳定水位，并绘制等水位线图。那时工程地质钻探都是干钻，不用泥浆，严禁向钻孔内加水。

现在有的工程专门打几个钻孔，实测地下水的流速流向。其实，测试结果只代表这几个钻孔位置的局部情况，也不一定精确。如果稳定水位测得准，有了等水位线图，全场区的地下水流向就一目了然，流速也可以大致估算出来。

（3）土的饱和与地下水位

有人问我，怎样确定土饱和还是非饱和，我回答可以根据地下水位。水位以下为饱和，水位以上为非饱和。他似乎不大满意，认为地下水位以上还有毛细管饱和带，应按土工试验的饱和度指标确定。

其实，土工试验饱和度指标为100，不一定是真正意义上的饱和，这里有试验误差的问题。从力学角度看，地下水位以上和地下水位以下，孔隙水压力是完全不同的。试看图10-8，地下水位处孔隙水压力为0，水位以下孔隙水压力为正值，随深度增加而增加，即静水压力。

水位以上为负值，靠近水位一段，由于毛细管作用接近饱和，但水在毛细管作用下承受的是拉力，不是压力，孔隙水压力为负值。毛细水以上的非饱和土中，气体一般是连通的，但水不连通，附在土粒接触点处，由于表面张力作用也是受拉，孔隙水压力也是负值。靠近地面一段，受降雨、蒸发影响，处于经常变化之中。因此，毛细饱和带不是真正的饱和带，地下水位上下孔隙水的力学性状完全不同，更深刻地反映了事物的科学本质。用地下水位上下确定饱和还是非饱和，既简便，又准确。

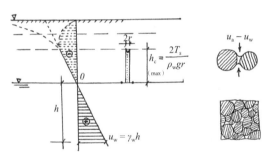

图 10-8　地下水位上下的孔隙水压力（陈仲颐）

（4）水平渗透和垂直渗透

当设计需要场地土的水平渗透性和垂直渗透性时，勘察单位通常用室内渗透试验，给出土的水平和垂直渗透系数，这似乎没有错。但是，还应该知道，水平和垂直渗透系数，只代表土样，现场成层土的渗透，水平方向和垂直方向之间差别要大得多，对于多层土，水平流速远大于垂直流速。

水平等效渗透系数为：

$$k_x = \frac{1}{H} \sum k_i H_i$$

垂直等效渗透系数为：

$$k_z = \frac{H}{\sum \dfrac{H_i}{k_i}}$$

多层土水平渗透相当于欧姆定律中的并联；垂直渗透相当于欧姆定律中的串联（图 10-9）。因而大体上水平渗透速度由较大渗透系数的地层决定；垂直渗透速度由较小渗透系数的地层决定。水中沉积的土一般为多层土，故水平渗透速度远远大于垂直渗透速度。也可以用行车来比喻，水平渗透好比快车与慢车各走各道，相当顺畅；垂直渗透好比快车与慢车共走一条车道，速度取决于慢车。

例如，不透水岩基上水平分布三层土，厚度均为 1m，渗透系数分别为 k_1=0.001m/d，k_2=0.2m/d，k_3=10m/d。则土层的等效渗透系数 k_x 和 k_z 为：

水平等效渗透系数为：

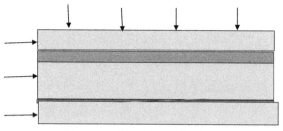

图 10-9 水平渗透与垂直渗透

$$k_x = \frac{1}{H}\sum_{i=1}^{3} k_i H_i = \frac{1}{3}(0.001+0.2+10)=3.40\text{m/d}$$

垂直等效渗透系数为:

$$k_z = \frac{H}{\sum_{i=1}^{3} \dfrac{H_i}{k_i}} = \frac{3}{\dfrac{1}{0.001}+\dfrac{1}{0.2}+\dfrac{1}{10}} = 0.003\text{m/d}$$

两方向等效渗透系数相差达 1000 倍,实在惊人! 因此,水平流动渗透系数可以加权平均,垂直渗流不可。

10.4 对设计的建议

这方面的问题很多,不胜枚举。归纳起来是三方面:
(1)过于简单粗略,对设计者没有什么帮助。譬如给出了地基承载力,如不能满足天然地基要求,则建议采用桩基或地基处理，并从规范中抄几段有关桩基和地基处理的规定，所提的建议没有针对性，几乎放之四海而皆准。（2）建议不切工程实际。譬如对天然地基进行了沉降分析，计算了沉降量，但所用的基础形式和基底压力与实际工程并不一致。设计所关心的可能不是沉降量，而是沉降差，甚至根本不用天然地基。（3）错误的建议。如有个工程有一层自重湿陷性土，建议采用 CFG 桩，将荷载通过 CFG 桩传至湿陷性土下面的硬层。这位工程师显然不知道 CFG 桩不是真正的桩，只是地基中的增强体，一旦浸水，桩间土下沉，地基就会失效。

造成这些问题的原因可能是三方面：（1）勘察报告编写者能力有限，对某些工程问题概念不清。（2）勘察与设计分离，勘察报告编写者对工程设计的要求不深入了解，建议不到点子上。（3）设计有个渐进过程，在资料不充分的情况下有多种选择，编写勘察报告时还不具备深入分析的条件。

因此，勘察报告对设计建议的深浅，应视主客观条件而定，有条件时深一些，条件不充分时浅一些，不必一律要求。这里涉及勘察与设计关系的大问题，是长期困扰岩土工程界的大问题，已有很多讨论，这里就不展开了。

11 从一个工程案例反思沉降计算问题

    20 世纪 50 年代中期，国家正在集中力量搞工业化，住宅都是 6 层以下，更无力顾及公共建筑。只有上海展览馆（当时称上海中苏友好大厦）（图 11-1）和北京展览馆（当时称北京苏联展览馆）（图 11-2），虽然现在看来规模不算很大，当时却是标志性建筑。直到今天，仍是这两大城市标志性历史建筑之一。

图 11-1 上海展览馆
（拍摄于 1955 年）

图 11-2 北京展览馆
（拍摄于 2015 年）

这两个工程都是由苏联专家设计，上海展览馆于1954年5月4日动工，1955年3月建成，施工时间10个月。中央大厅采用天然地基、箱形基础。上海展览馆可能是我国第一个采用箱形基础的工程。基础埋深为0.5m，平面尺寸为46.5m×46.5m，高7.27m，基底压力为130kPa，中央大厅与两翼之间设置了沉降缝。持力层的容许承载力，按现场载荷试验为140kPa，按抗剪强度指标计算，容许值为150kPa，两者相当接近，承载力似乎没有问题。施工过程中和建成后，发现沉降量很大，建成18年后（最后一次观测）累计为1600mm，估算最终沉降可达1700～1800mm。如此巨大的沉降，全球罕见，设计者肯定也始料不及。虽几经翻修，但未发现结构性破坏。为了防止中央大厅巨大沉降对相邻建筑的危害，中国工程师采取过一些补救措施。

上海展览馆采用天然地基、箱形基础，当时曾作为苏联先进经验，广为宣传。但也有一些中国专家持保留意见，同济大学俞调梅教授就是其中突出的代表，他主张用桩基础（图11-3）。

后来产生如此巨大的沉降，苏联专家显然也是始料不及的。我国当时之所以接受这个方案，固然有政治方面的因素，但也和当时我国桩基设计经验不足，施工水平较低，经济实力很差有关。那时，我国基础工程设计还处在初级阶段，能正确判断、有独立思考能力的专家

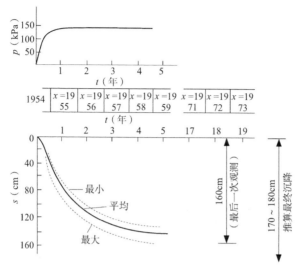

图 11-3　上海展览馆基础压力、沉降与时间关系（俞调梅）

很少，多数科技人员盲目崇拜苏联，以为突破"老八吨"（上海地基每平方米承载力为 8t）是先进经验。现在看来，至少下面几点值得注意：一是软土地基上的重要建筑，必须按变形控制设计，不能只考虑承载力是否满足；二是沉降量虽然很大，持续时间很长，但主要由压缩变形引起，并无明显的塑性流动，最终沉降仍趋于收敛；三是该工程表层为软土硬壳层，厚度有限，大面积箱形基础的附加应力传递很深，载荷试验承压板面积很小，成果的代表性是有限的；四是软土地基上采用刚度很大的箱形基础，刚柔相济，沉降量虽然很大，但比较均匀，上部建筑不产生结构性破坏，但应防止整体倾斜。而最重要的一点，作为科技人员，必须独立思考，实事求是分析，不能迷信权威，人云亦云。

事后岩土界一致认为，软土地基上的重要建筑，必须按变形控制设计，不能只考虑承载力是否满足。但是，用传统的计算模式，是算不出这么大沉降的。所谓传统沉降计算模式，就是通常采用的一维压缩、有限压缩层、分层总和法。计算参数为室内压缩试验求得的压缩模量E_s。由于E_s值随压力变化，又规定取实际压力段的E_s值。

压缩试验在侧限的固结仪中进行，符合一维压缩条件，故e-p曲线向上弯，压力愈大，模量愈大（图11-4）。但实际工程的基础沉降具有侧膨胀效应，并非一维压缩，p-s曲线向下弯，压力愈大，模量愈小（图11-5，有些土假定曲线前段为直线，变形模量为常数）。这个问题大家都知道，仅由于已经形成思维定式，也积累了一些经验，便视而不见。

上海展览馆这个案例，很能说明问题。上海传统地基承载力用"老八吨"，即80kPa，在p-s曲线的前段，模量偏大，故计算沉降较小；本工程基底压力达130kPa，p-s曲线已显著向下弯曲，模量大大减小，产生巨大的沉降便可以理解了。传统沉降计算模式的问题主要在两方面，一是用一维压缩代替实际存在的三维效应；二是室内压缩试验土样的代表性有限，测到的参数与实际差别很

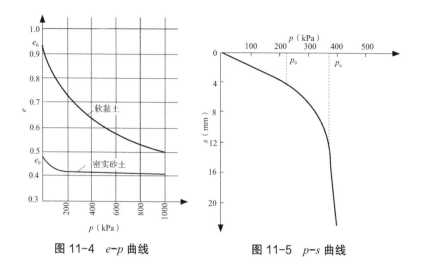

图 11-4 *e-p* 曲线　　　　　　图 11-5 *p-s* 曲线

大，须乘以一个变化范围很大的经验修正系数，增大了
计算结果的不确定性。杨光华教授提出的建立在原位测
试基础上，考虑压力与变形非线性的沉降计算思路，值
得重视，值得深入研究、完善。

　　上海展览馆从建成到今天，六十几年过去了。如此
重要的工程，发生如此巨大的沉降，是个非常典型的工
程案例。但很遗憾，公开发表的学术讨论不多，更缺少
具体深入的理论分析。

12　用 $e\text{-}p$ 曲线计算沉降的讨论

前些天有人提出直接用 $e\text{-}p$ 曲线计算沉降，这个方法与用压缩模量计算沉降，实质相同，都是基于一维固结，都是采用压缩试验成果，都没有考虑土的固结状态，但确定实际压力段较压缩模量方便，取值也较准确，故值得提倡。

用 $e\text{-}p$ 曲线计算沉降，不是用个别土样试验得到的 $e\text{-}p$ 曲线，而是某一土层的综合 $e\text{-}p$ 曲线。设自重压力时的孔隙比为 e_1，自重压力＋附加压力的孔隙比为 e_2，则根据 e_2 较 e_1 的减小量和土层厚度就可算出该土层的压缩量，基础下各层土压缩量之和就是总沉降量。港口工程地基规范用的就是这个方法。

采用这个方法需要具备三个条件：一是确定土层综合 $e\text{-}p$ 曲线的方法。用数理统计方法可以给出压缩模量的代表值，若干土样的 $e\text{-}p$ 曲线怎么综合为土层 $e\text{-}p$ 曲线的代表值，要有个标准化的方法。二是给出相应的计算公式，这个比较简单。三是给出经验修正系数。用压缩模量计算，规范给出了经验修正系数，怎样把这些经验修正系数应用到用 $e\text{-}p$ 曲线计算沉降中去，要做些工作。

用 $e\text{-}p$ 曲线计算沉降的主要优点在于，计算者可以根据需要在 $e\text{-}p$ 曲线上任意选定压力段。用压缩模量计算沉降的不方便在于，随着深度的变化，不论是自重压力还是附加压力都是不断变化的。可是在实验室，压缩模量的压力段，只能在加荷等级的压力内选择，譬如 $0.05 \sim 0.1\text{MPa}$ 段、$0.1 \sim 0.2\text{MPa}$ 段、$0.2 \sim 0.3\text{MPa}$ 段、$0.3 \sim 0.4\text{MPa}$ 段等，给不出计算需要的压力段的压缩模量，使计算时很难用，只能近似地套，既影响精度，又影响效率，可操作性很差。用 $e\text{-}p$ 曲线计算沉降，计算者可以根据需要直接在 $e\text{-}p$ 曲线上截取压力段，既提高精度，又提高效率。土层综合 $e\text{-}p$ 曲线是光滑的、连续的，根据自重压力和自重压力＋附加压力，可方便而准确地在曲线上得到 e_1 和 e_2。

为推广该法，提出以下几点建议：

（1）勘察报告在提供土样各级压力下 e 值的同时，提供各层土的综合 $e\text{-}p$ 曲线；

（2）制定拟合综合 $e\text{-}p$ 曲线的标准化方法；

（3）研究并确定用综合 $e\text{-}p$ 曲线计算沉降的经验修正系数；

（4）编制一本团体标准。

由于用 $e\text{-}p$ 曲线计算沉降和用压缩模量计算沉降均未考虑土的固结状态，故对于欠固结土和超固结土会有偏差。规范制定者用一个经验修正系数调整，这是个综合性系数，概括了理论与操作多方面造成的偏差。

　　有关地基变形计算方面的问题，在拙作《求索岩土之路》中有所讨论。

13　为什么计算总是偏离实际

　　本文为应友人之邀写的专稿，发表在专业群里，原标题为《岩土工程计算的两大关键》，编入本书时做了一些删节和文字修改。

　　设计离不开计算，但岩土工程计算的结果常常偏离实际，"不求计算精确，只求判断正确"已经成为岩土界的共识。计算不可能精确的根本原因在于岩土性质太复杂了，土有弹性材料的弹性性质，而又非真正弹性；有塑性材料的塑性性质，而又非理想塑性；有黏滞体的流变性质，而又非单纯流变。且其性质随空间、时间变化，又有多种不同组合，在工程中承担各不相同的角色。岩石更有极为复杂的裂隙系统和初始应力，比土更为复杂多变。

　　计算不精确可以接受，但也不能偏离实际太远，以致误导设计。因而必须深入认识偏离的原因，以便选定合理的计算模式和计算参数，尽量减少偏离，并对计算结果的可靠程度有个准确的评估和判断。

13.1　把握两个关键

　　做好岩土工程计算，避免错误计算的误导，两个认识问题最为关键：一是计算模式与工程实际有多少差别，心中要清楚；二是计算参数有多大可靠性，心中要有数。明白了这两点，才能准确评估计算结果有多大把握。

计算的经验方法一般比较粗糙，只能局限于某一范围，大家都清楚；理论计算按理应该具有普适性，有近似解，也有精确解，但无论哪个理论公式，都有假设条件，所谓精确解、近似解，都是满足假设条件前提下的精确解、近似解，并非不管实际情况如何，计算结果一定精确，一定近似。相比计算模式，计算参数更加重要。参数是否可靠，取决于很多难以确定的因素，同一参数又有不同的测试方法。采用哪一种方法测定，测定过程中可能发生多大误差，用于计算偏离实际如何估计，实在是一门难度不小的学问。

13.2 关于计算模式

下面拟以最简单最常用的规范方法，天然地基承载力和沉降计算为例来说明，其他方法基本道理是一样的。

确定地基承载力的理论计算方法，是根据土的抗剪强度以及基础埋深和基础尺寸计算。又有极限承载力和临界承载力两大类，都在一定假设条件下导出。极限承载力的推导一般假设地基土为刚塑体。普朗德尔最早按极限平衡原理，导出了没有基础埋深的公式，在此基础上赖斯纳导出了有基础埋深的公式，但仍假设地基土没有重力，也不考虑基础埋深范围内侧面土抗剪强度的影响，故误差较大。太沙基采用假定滑动面求解，导出了中心荷载下的地基极限承载力（图13-1）。汉森、魏锡克等进一步改进，导出了偏心荷载作用下的极限承载力公式。由于各种公式都在某种假设条件下导出，故各不相同。

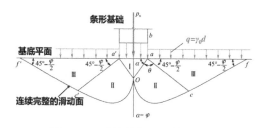

图13-1　太沙基极限承载力解

临界承载力或称临界荷载，假设荷载较小时地基土处于弹性状态，只有压缩变形，没有剪切变形。随着荷载的增加，基础边缘刚要产生塑性区时的荷载称为临塑荷载，开始由压缩变形向剪切变形过渡。荷载继续增加，塑性区扩大，当塑性区扩大到最大深度达到工程安全所能接受的限度时，这时的荷载称为临界荷载。如荷载继续增加，塑性区继续扩大，直至连成一片，地基发生隆起、破坏，基础急剧下沉而失稳。对于一般建筑物，以塑性区最大深度为基础宽度的1/4作为容许承载力（图13-2）；对于特别重要的建筑物，也可采用临塑荷载作为容许承

载力。国标《建筑地基基础设计规范》GB 50007—2011
的承载力特征值公式，就是基于临界荷载理论，并根据
经验对承载力系数作了适当调整，塑性区的最大深度为
基础宽度的 1/4。

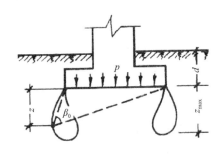

图 13-2　条形基础底面边缘塑性区

现在讨论应用理论公式计算时应注意的问题：

要注意破坏模式与工程实际是否一致。极限承载力
理论计算一般按整体剪切破坏假设导出，但实际工程的
破坏模式与土的性质、基础尺寸、基础埋深、加荷快慢
等很多因素有关，特别是土的压缩性关系最大。地基土
不是刚塑体，故整体剪切破坏模式主要发生在较硬、压
缩性较小的土中，亦即当荷载较小逐渐增加时，基础沉
降较小，p-s 曲线平缓，直线段与曲线段的拐点明显，达
到极限荷载时，地基土产生整体剪切，侧旁隆起，基础
倾斜。这种土的承载能力主要是强度控制。而较软、压

缩性较大的土，加荷后沉降较大，只发生局部剪切而不发生整体剪切，基础侧旁的隆起不明显，p-s 曲线上的拐点也不明显，如仍用整体剪切破坏模式计算，显然勉强。至于更软，压缩性更高的土，则加荷后沉降更大，绝大多数情况是变形控制而非强度控制，基础沉降已经很大，基础侧旁也不见隆起，属于刺入破坏或冲剪破坏模式。如果还用整体剪切破坏假设计算，意义就不大了。

对于地基承载力，不同的人可能有不同的理解：土力学家一般将承载力和变形作为两个独立的问题分别研究，将地基承载力视为岩土强度的宏观表现，不包括变形问题。但对岩土工程师来说，顾名思义，地基承载力就是地基承受荷载的能力。亦即土的强度有一定的安全储备，岩土变形能够满足正常使用的要求。强度和变形密不可分。随着基础荷载逐渐增加，总是先沉降，再逐渐发展到破坏，强度破坏是变形发展的最后结果。用 c、φ 计算的承载力只反映了强度问题，设计者务必考虑变形是否满足要求。

无论是极限承载力公式还是临界荷载公式，都假设地基土均匀，但实际工程绝大多数是分层地基。有人将分层地基的 c、φ 加权平均，得到综合的 c、φ 值，代入公式计算，这种做法显然有问题。道理很简单，分层地基达到极限状态时，其剪切破坏面与公式假定均匀地基的剪切破坏面完全不同。按临界荷载公式计算时，塑性区的发生和发展，分层地基肯定也完全不同于均匀地基。譬如上硬下软的双层地基，塑性区可能不是首先在基础边缘产生，而在硬层下面的软层顶面首先产生，并在软层中发展，达到极限承载力时发生冲剪破坏。对于上软下硬的双层地基，应力在上部的软层集中，塑性区在上部软层中发展，直到地基破坏，破坏模式根本不是公式假设的模式。三层和三层以上的地基也是这个道理，但问题更复杂。严格地说，多层地基不宜采用这些简单的模式进行计算。

　　除了土的性质外，基础埋深和基础尺寸也很重要。常用的这些地基极限承载力公式，都是从小尺寸的浅基础推导出来的，其实并不适用于大尺寸的深埋基础。现在有些大型建筑物，宽度达十几米、几十米，埋深达一二十米，怎么还能发生整体剪切破坏？当地基土中出现较大塑形区时，变形已经相当大，地基基础设计完全是变形控制，以强度为主要参数的承载力计算，实在没有太大意义了。

　　实际上，岩土工程师最相信的不是根据抗剪强度指标，用理论公式计算，而是载荷试验＋深宽修正。虽然这是一种经验方法，但有理论基础，经 40 多年不断积累和完善，在我国已经相当成熟。既然是经验方法，肯定存在缺陷，岩土工程师必须正视。尚未深宽修正的地基承载力用的是载荷试验成果，但载荷试验的数量毕竟是有限的，因而对试验的质量及其代表性要求很高，特别是水位以下试验和深层载荷试验，做好很不容易。浅层载荷试验模拟半无限体表面，深层载荷试验模拟半无限体内部，都是近似的。深度修正系数和宽度修正系数，都是理论和经验结合的大体估计，谈不上精准。

从新中国成立之初开始，我国就习惯于采用规范给出的承载力表，曾列入国标《工业与民用建筑地基基础设计规范》TJ 7—74，直至 2002 年才从全国性规范中删除。承载力表是典型的经验方法，虽然简便而实用，但很粗糙，其局限性是显然的。我国疆土辽阔，各地条件差别很大，编制全国性的承载力表不可取，但编制小范围的地方性承载力表，用于体型简单的多层建筑，应该还是可以的。

有些从事勘察设计的工程师将地基承载力视为土的一种力学性指标，这种认识太简单化了。所谓力学指标，是指土的力学方面的固有性质，可以直接测定。载荷试验测定的承载力特征值，由于测试方法和取值方法是标准化的，视为土的力学指标似乎还可以，但真正意义上的地基承载力，决不像力学指标那么单纯。按有效应力原理，地基承载力本来就不是一个固定的值，加荷较快时，饱和黏性土初始强度很低，随孔隙水压力消散和有效应力的增长而逐渐提高。况且还与基础和上部结构的形式、荷载、刚度、对变形的要求等密切相关。无论哪种方法都不能直接测定，必须综合分析判断。个别人把几种方法得到的地基承载力平均一下，就认为已经做了综合分析，实在是对综合分析天大的误解。

和承载力问题一样，变形计算模式也是以假设为前提。现行规范的沉降计算模式，是基于一维压缩理论和有限压缩层的分层总和法。这种计算模式在我国已经用了几十年，积累了很多经验，国际上也普遍认可。但是，设计者一定要注意，一维压缩假设是不符合实际的，实际工程都是三维，或近似二维。一维压缩只是在大面积荷载作用下才存在，由于侧向没有变形，所以随着荷载的增加，土越压越密，压缩量越来越小，侧限固结仪上做的压缩曲线就是这样，e-p 曲线始终都是向上弯曲（图 13-3）。而工程基础的面积是有限的，加上竖向荷载后，除了竖向压缩沉降外，还有侧向膨胀效应，尤其是软土。p-s 曲线初始大体为直线，接着呈向下弯的曲线，与固结试验压缩曲线正好相反。再继续加荷，至极限荷载时，地基破坏，曲线急剧下降，而在 e-p 曲线上是不存在的（图 13-4）。这个问题已在《从一个工程案例反思沉降计算》中结合工程实例进行了讨论。

此外，规范方法没有考虑土的固结状态，欠固结土、正常固结土、超固结土都用同一个公式计算，用一个经验修正系数修正，显然比较粗糙。这个问题已在《固结状态的局限》中详细论述，这里不重复了。

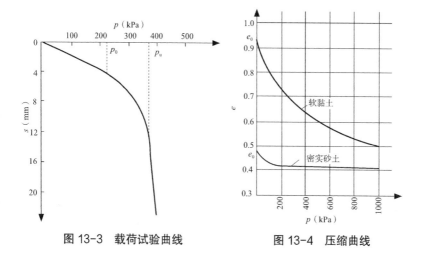

图 13-3　载荷试验曲线　　　　　图 13-4　压缩曲线

　　岩土工程计算模式中，天然地基上的浅基础最简单，但是问题尚且如此之多，其他地基就更复杂了。浅基础只有底面压力，桩基础的桩端、桩侧、承台底面都和土接触，土中应力复杂得多。还有群桩效应，岩土不同组合，均可改变应力分布。无论哪种计算模式，都要做较大简化，与实际都有较大差距。桩基沉降计算，无论实体基础法还是明德林法，都要结合经验计算，都不能算得很准。复合地基比桩基更复杂，各种计算模式包括规范方法，都是非常粗糙的，设计者一定要有清醒的认识。至于地基基础和上部结构共同作用、土压力计算、基坑工程计算、边坡稳定计算、滑坡治理计算、地下水渗流计算、地下工程计算等，问题更多，更需要设计者综合分析和判断，这里就不展开了。

13.3 关于计算参数

计算参数的测定方法有室内和原位两大类，目前还是以室内试验为主。现今我国的实际情况，试验数据的质量很差，弄虚作假已非个别，设计者务须注意。抛开这个问题不谈，室内试验数据的问题实在不小。严格地说，土体和土样是两个不同的概念，这个问题，已在《学习太沙基，超越太沙基》中讨论过。

室内试验虽然问题很多，但其力学机制是明确的。原位测试虽有很多优点，但从力学机制看，不严格、不清楚，经验因素很多，旁压模量、十字板强度都是这样。这是因为原位测试土中的应力太复杂了，不像室内试验那样容易控制。载荷试验可以测定地基承载力特征值和变形模量，但承压板下的应力分布是很复杂的。静力触探用以分层精确，人为因素较少，但测到贯入阻力的力学意义不明确，只能通过对比试验和相关分析，得到设计计算所需的参数，因而是经验的。至于标准贯入试验、圆锥动力触探，只有一个锤击数，连个物理量都没有，应用完全依靠经验。此外，对原位测试数据的质量也必须关注，器械仪表不标准，操作不规范，会严重影响测试效果。标准贯入、动力触探等原位测试，由于影响因素太多，即使认真操作，数据也相当离散，但经验很多，仍广为应用。这些问题，设计者都要心中有数。

参数作为随机变量，岩土材料与结构材料有本质的不同。结构材料主要是人造材料，每个构件材料的性质相对均匀，不随空间位置的不同而不同，其变异性可视为同一材料某一参数的随机采样。岩土材料是在漫长地质作用下自然形成，客观上没有构件那样明确的单体，只是为了工程需要，人为地划分为若干层（岩土单元），给予分类名称，给出每层（单元体）参数的代表值（平均值、标准值）。但每个单元体各部分的性质，客观上或多或少是有差别的，参数值是不同的。如何分层，即如果划分岩土单元，只是大体的原则，存在相当大的主观随意性。

因此，岩土材料的变异性由两部分组成，一是取样、测试过程中的随机变异，与人造材料相同；二是随自身空间位置不同产生的变异，所以两者标准值的计算方法是不同的。只有人为误差的人工材料，单侧置信概率为95%的标准值为：

$$\Phi_k = \Phi_m - 1.645\sigma_f$$

而对于岩土单元，则采用总体平均值区间估计理论，给出综合性能指标。规范为了计算方便，避免出现学生氏函数，拟合了一个单侧置信概率为95%的标准值简化式：

$$\Phi_k = \gamma_s \Phi_m$$

$$\gamma_s = 1 \pm \left[\frac{1.704}{\sqrt{n}} + \frac{4.678}{n^2} \right] \delta$$

式中　Φ_k——标准值；

Φ_m——平均值；

σ_f——标准差；

n——子样数；

δ——变异系数；

γ_s——统计修正系数。

　　这里联想到另一个与此相关的问题，由于有效覆盖压力，黏性土的强度随深度逐渐增加的现象很普遍，如果厚层软土只给一个平均值或标准值作为该层的代表值，就可能浅部偏高而深部偏低，对工程不安全。十字板强度随深度逐渐增加，是最明显的竖向相关，见图 13-5。因此，厚层软土不宜只给一个代表值，而应给出与深度相关的值。

　　与计算模式比，计算参数更重要，这已被很多经验证实，也是专家们的共识，日本关西国际机场是最好的工程案例。关西国际机场人工岛上层为厚 20m 的吹填软土，砂井处理；下层为厚 120m 洪积土，未处理。工程的勘探测试、设计计算都很认真而先进。设计阶段计算，

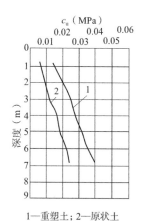

1—重塑土；2—原状土

图 13-5　十字板强度随深度的变化

预计 50 年后沉降为，上层软土 6.5m，机场开通时沉降结束；下层洪积土为 1.5m，机场开通时不会太大。填土达到设计标高后 6 个月实测，上层软土沉降为 5.5m，小于计算值 1.0m；下层洪积土沉降达 1.5m，远大于预计值。重新勘探试验和计算，调整为上层软土沉降 5.5m，下层洪积土沉降 5.5m，总沉降 11.0m。机场开通时，按实测数据推算，又调整为 50 年总沉降 10.34m，比调整计算沉降小 0.66m。本案例条件并不复杂，计算和实测差距竟如此之大，问题就在于参数不准。因此，在缺乏经验情况下，即使工作认真细致，技术水平很高，沉降计算还是没有把握，可见单纯计算靠不住，计算参数和原型监测多么重要！

既然岩土工程充满不确定性，那么是否可以采用可靠度方法，将设计计算建立在概率极限状态分析的基础上？但至少在目前，岩土工程还不敢有这个奢望。在可靠度研究的积累方面，岩土与结构根本不在一个水平上。岩土作为地质体，其变异性远大于人工材料，而且还有空间位置的变异性。结构构件和结构体系很明确，岩土结构界限则很模糊，边界不清。岩土工程不能将地层结构查得十分清楚，试样总有扰动，有些岩土根本取不上样来，计算参数是估计的。地下水有季节性变化、多年变化、建设过程中和建成后的变化，很难预测，存在大量的客观信息不完善性。岩土工程计算方法不确切，常需经验修正，有些纯粹是经验关系。岩土工程除了随机性外，还存在大量的模糊性问题。譬如指标数据的取舍、土层的划分、地质图的制作，存在或多或少的主观随意性。因此，虽然理论上概率极限状态法最精细、最科学、最理性，但在精度很差或者连精度的大致范围都不清楚的情况下进行可靠性分析，没有什么意义。

13.4 结论

（1）岩土工程只相信实测，计算只是初步估计。不求计算精确，只求判断正确。只有认识了计算模式与工程实际的差别，认识了计算参数的适用性和可靠性，才能对计算结果做出正确的评估和判断。

（2）为了做好计算，选用正确的计算模式和计算参数，岩土工程师必须具有良好的理论功底，对计算模式所依据的原理有深刻的理解。要科学计算，不要盲目计算。既要追求精准，更要追求实效。认识问题不要把复杂问题简单化，解决问题不要把简单问题复杂化。

（3）为了做好计算，设计者应亲临现场。亲临现场才能真正了解实际条件，亲临现场才能知道勘测和施工的实施过程，亲临现场才能知道计算参数的适用性和可靠性。

14 海上风电筒形基础勘察设计问题的思考

本文根据给友人的复信改写而成。

我从未接触过这种地质条件和基础形式，看了你的来信才有了一些了解，下面谈一些个人的理解和思考，供参考。

（1）海上风电设施有很高的桅杆，在风力作用下产生很大力矩，使基础发生转动，基础转角不得大于 0.5°。预留施工一半，设计时实际只有 0.25°。因此，基础侧面对土产生侧压力，上大下小。

（2）筒形基础高约 10～20m，直径约 10～40m，上有顶板，没有底板，这个筒是倒扣的。内部有若干隔仓，可储水，也可抽水。岸边制作后拉到预定位置，靠自重和充水沉入海底泥面以下。通过隔仓充水、抽水调平。

（3）由于基础面积较大，故竖向单位压力不大。因依靠自重和充水到位，使用期间的竖向荷载不会比施工时的荷载高多少，故使用期间的沉降不会太大，基础沉降不是控制性指标，控制性指标是在风力作用下基础偏转。基础偏转使竖向压力重分布，转为偏心荷载。竖向土反力和侧向土反力共同抵抗风力产生的基础偏转。

（4）与岩土工程有关的问题主要是两个：一是筒形基

础是否能够顺利沉到设计位置，即施工的可行性；二是在风力作用下基础的偏转角度不得超限，更要严防倾覆。

（5）关于基础沉到设计标高的可行性问题，主要是查明硬层的位置。设计者要求用不排水强度指标控制，理论上当然可以，但不排水强度很难测准，土太软，取不扰动土样极为困难。如果一定要这个指标，只能做十字板剪切试验，但在海上也难做好。我见过香港辉固公司在南海做的十字板试验数据，离散性相当大。世界著名的大公司尚且如此，一般勘察单位可想而知。

（6）可否考虑用简便而有效的方法，黏粒含量高，塑性指数高，含水率高的土最软，最易沉入到位。这些标志性指标，很容易测准。砂土、粉土等无法通过的硬层，应在可行性研究阶段查明。到了施工图阶段，主要是为施工措施提供设计依据，不应再有颠覆性问题。

（7）风电基础受到的外力非常复杂，风力、波浪力、机器振动都是动力，性质又极不一样。机器振动频率高而振幅小；波浪频率较低，振幅居中；风力频率最低而振幅最大。在工程的动力设计方面，我国目前还是以概念设计和经验方法为主，很少真正用土动力学指标计算。海上风电刚刚起步，想用土动力学指标计算，恐怕很难做好。

（8）工程设计面临两大困难，一是土质极软，不软不能将基础沉到设计位置，这样软的土无论计算模式还是计算参数，都没有经验；二是荷载太复杂，只能适当简化。因而定性分析还可以，定量很难，最多做个大致估算。

（9）设计者拟主要引用挪威经验，我觉得似乎未能真正消化。西方国家重视理论方法计算，有他们的国情，挪威更是软土力学非常发达的国家。我国勘察测试水平低，直接搬用挪威经验，勘察设计单位恐不易做到。譬如土动力学指标，测试难度很大，且难以测准。软泥极易扰动，更增加了难度。如设计单位一定要做，必须请他们对试验提出明确而具体的要求，决非提个指标名称，试验单位便可进行测定。不要费了九牛二虎之力，成果却无法应用。

（10）如果要简化，机器振动对软土的影响可能主要是产生触变，使土进一步软化，可对土的指标打个折扣；波浪的频率和幅值比较平稳，可根据经验在荷载上加一个固定值；风力幅值大，频率低，可简化为静力，用拟静力法计算。这样，虽然理论上比较粗糙，但简便得多，易于实施。不过，天有不测风云，海上天气变化更大，务必慎重。

（11）按静力学分析，在筒形基础背风侧，基础对土有侧向作用力，呈倒梯形或倒三角形分布，泥面标高处最大。土的自重产生的侧压力，为有效自重压力乘以侧压力系数，呈三角形分布。两者抵消后，泥面标高处的净侧压力最大，向下逐渐减小。

（12）设计单位要求提供渗透系数和固结系数，可能想用太沙基固结理论计算，我觉得计算效果不会好。现行线性旳、弹性的、常规的强度和变形计算方法，对于海上风电筒形基础，可能完全不能适用。理由很明显，一是应力动态太复杂，应力分布太复杂，难以评估；二是土质太软，基本上是黏滞流体，即在外力作用下不是压缩变形而是剪切流动，因而不能用传统的太沙基土力学理论。这是一个全新课题，与常规勘察设计完全不同，应先进行系统的试验研究，包括数学模拟，物理模拟，现场实体模拟。没有充分的技术准备就进行面向工程勘察设计，风险太大。其中现场实体模拟最重要，没有现场实体观测数据作为科学试验的依据，怎么敢直接进行工程设计？

（13）姑且按传统土力学分析：由于泥面以上是水，故基础侧面与泥面接触处土所受的剪应力最大，向外、向下逐渐减小。由于泥面至筒底都是很软的浮泥和软泥，抗剪强度很低，极易破坏，故发生塑性流动的区段相当大。该区段退出工作后，土中应力重分布。故土中应力极为复杂，与房屋基础下地基的压缩完全不同，与一维固结假设相差甚远，计算分析的难度是很大的。

（14）基础偏转时，基础底面的反力将重分布。由于基础没有底板，故土中应力分布十分复杂。由于基础底面下的土比基础侧面的土硬，故对抵抗偏转的贡献不一定小于基础侧面。

（15）当前，勘察方面对计算模型了解不够，设计方面对土性指标了解不够，应加强相互沟通。

15 砂土地基问题的讨论

前些日子专业微信群里对饱和砂土承载力问题有过一些讨论,有些专家觉得,持力层是黏性土,砂土作为软弱下卧层,不符合一般经验,还有人对饱和粉细砂不能做深宽修正提出质疑。我觉得有道理,有必要展开讨论。

15.1 粒状土的特征

砂土是粒状土,砂粒主要由坚硬的球状的石英组成,表面吸着的水膜很薄,孔隙水流动顺畅。因而决定了它的力学特征,一是渗透系数较大,超孔隙水压力可很快消散;二是压缩性较小,沉降稳定很快;三是内摩擦角大,但没有黏聚力。

相比之下的黏性土,含大量针状、片状的黏土矿物(高岭土、蒙脱土、伊利土),比表面积很大,土粒表面吸附了很厚的水膜。因而孔隙水很难流动,超孔压消散不畅;压缩性较大,沉降缓慢;虽有黏聚力,但内摩擦角较小。土力学中的总应力法、有效应力法,不固结不排水强度、固结不排水强度,其实都是对黏性土而言,对砂土没有什么实际意义。因此,无论从强度角度还是从变形角度分析,砂土的力学性质都比较简单,多数情况应当优于黏性土。如果下卧层为砂土，而其承载力低于上层的黏性土，不能说不可能，至少也是很罕见。

地基承载力深宽度修正的理论基础是，无论极限承载力还是临界承载力，都与土的内摩擦角有关。内摩擦角越大，修正系数越大。所以，理论上稍密饱和砂土不存在不能做深宽修正的问题。

15.2　砂土承载力为什么被低估

过去几十年土力学的研究，主要侧重于黏性土，如有效应力原理、弹塑性模型、流变问题等，对砂土的研究很少，大概觉得砂土的问题比较简单吧。在工程界，由于砂土难以取样，载荷试验费时费力，水下砂土载荷试验难以做好，因而积累的经验也很少。编制 1974 年版《工业与民用建筑地基基础设计规范》时，为了建立地基承载力表，从全国搜集了各类土的载荷试验资料。但绝大多数是黏性土，砂土很少，且规律性很差。故建表时并未以载荷试验为依据，而是结合国内外文献，根据密实度、标准贯入锤击数确定承载力。由于是第一本国家标准，为避免风险，确保安全，偏于保守，稍密饱和的粉细砂未给出地基承载力。后来，虽然国家标准取消了承载力表，但对饱和砂土的承载力总觉得没有底，稍密饱和粉细砂不能作为天然地基的理解，大概由此产生。

其实，工程经验表明，饱和砂土的真正问题不在于承载力，而在于水稳性。施工不慎，砂土极易扰动。我年轻时遇到过一个下水道工程，位于水位下的砂土中。由于施工开挖不慎，抽水扰动了砂，使管道接头错开，砂土流入管内，加速管道错动，愈演愈烈，使管道完全堵塞。那时，常有因基槽内抽水而发生"流砂"现象，因而对水位以下的砂土产生了一种畏惧感。现在都用人工降低地下水位的办法解决水位下施工问题，不会再有这样的事了。

孔隙水在砂土中流动，对砂粒产生推曳力，无论向下、向上和侧向流动，都会影响砂土的力学性状。其中向上流动当流速达到某一临界值时，在一定条件下发生渗透破坏，产生流土或管涌，使砂土完全丧失强度，基坑开挖多次发生过这种事故。

另一个问题是液化，这是由于孔隙水压力突然增高，失去有效应力而丧失强度，当然是很可怕的。但一般只在地震或大爆炸时才会发生。静态液化有时在水利工程中见到，建筑工程的荷载不是瞬间加上，砂土透水性强，不会产生液化。

基槽抽水、渗透破坏、液化等饱和砂土的失稳，一般没有变形预兆，突然发生，后果严重，当然应当注意。但是，这和地基承载力完全是两回事。正确的方针应该是分析是否存在失稳的条件，并采取相应措施。因惧怕失稳而降低承载力，显然是南辕北辙了。

密实的砂土具有剪胀性，载荷试验的直线段明显，变形不大，但过了直线段，可能很快破坏，曲线段很短，故在工程上留足够的安全度也是必要的。

虽然从土质学、土力学角度看，粒状砂土比较简单，但从工程实践角度看，由于难以取样，难以测定其强度指标，载荷试验费时费力，水位以下更很难做好，确定其承载力并不容易。目前通常采用标准贯入试验（标贯），但标贯是一种相当粗糙的试验方法，操作不规范更易失真。更何况，标贯确定承载力是一种间接方法，需通过与载荷试验对比，建立经验关系。这些问题，可能是目前勘察报告给出砂土承载力偏于保守的主要原因。为了更准确地确定砂土承载力，希望有志者做更深入、更系统的试验研究，贡献给岩土工程界。

15.3 砂土的自然密实

水中沉积的黏性土初始没有强度，也没有刚度，呈泥浆状态。随着有效覆盖压力旳增加，孔隙比减小，孔隙水排出，土逐渐被压密，强度和刚度逐渐形成和提高，这符合土的压硬性原理。

图 15-1 上部为土的孔隙比与压力（对数）关系，显示随着有效压力的增加、孔隙比的减小，因密实而使刚度提高；下部为土的强度与压力关系，显示随着压力的增加土的强度增长，也说明了正常固结土和超固结土与压

力的关系。在《固结状态的局限》中已有详细说明。

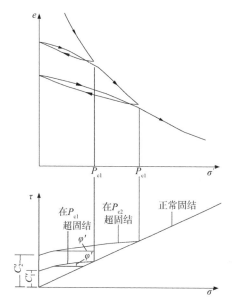

图 15-1　压力与孔隙比、强度的关系（C.R. 斯科特）

　　稍有工程经验的人都知道，对于同一类土，一般情况下总是埋深越大，土越密实，模量和强度越高，这自然是由于随着深度的增加，有效覆盖压力增大之故。

　　但这种压密机制，其实主要适用在水中沉积的黏性土。对于砂土，这个规律并不明显，即使在浅层，也有很密实的砂。也就是说，对于粒状的砂土，主要不是压密，而是振动和水的流动导致。日常生活中我们都知道，粒

113

状的大米不易压密，摇晃几下就会密实。

黏性土的土粒表面有一层厚厚的水膜，必须将水膜压出来，土才能增密。而砂粒水膜很薄，不易压密，振动或水的冲刷易于密实。临时性水流形成的坡积砂，密实度一般不如经常性水流形成的冲积砂，原因就在于前者只是临时性水流的作用，而后者是长期反复的水流作用。

级配砂石填筑经验也告诉我们，砂土不易压实，使其密实的方法有两种，一种是振动或夯击，另一种是灌水。

15.4　自重湿陷的砂

饱和砂土不足惧，真正可怕的是从未浸过水的风成砂。我年轻时曾亲手做过一次试验，在砂丘表面浇一桶水，砂面立刻沉下去一大截，可见风成砂具有显著的自重湿陷性。

非洲安哥拉由中国援建的一座医院，最高两层，荷载很小，投入使用不久即发生房屋多处开裂的严重事故。究其原因，是当地称之为红砂的地基，浸水后自重湿陷所致。显然，这种红砂历史上从未浸过水，一旦浸水，湿陷严重。

16 岩土工程中的水压力

对岩土工程师来说，水压力是个最基本的概念，但近来在专业微信群讨论到这个问题时，不知为什么又有人糊涂起来，似乎有必要澄清。

16.1 孔隙水的三种压力状态

土中的地下水赋存在土的孔隙中，有三种不同的压力状态。

（1）饱和土孔隙水的静水压力

饱和状态下的土只有固、液两相，只有土的骨架和孔隙水。除了水中溶解的少量空气外，没有气相。这种状态下孔隙水的特点，一是有静水压力，二是有压力差时可以流动，就是渗透作用。我们通常所说的地下水，就是指这部分水。

（2）超静水压力

饱和土受到外部压力，譬如基础荷载时，土中孔隙水压力升高，超出静水压力，故称超静水压力，或称超孔隙水压力，习惯上常常简称孔隙水压力。饱和土受到压力时，矿物颗粒组成的土骨架可以立即调整，趋于密实；孔隙水则只能渗透排出，但需要时间。因而孔隙水先受力。

随着孔隙水的排出，压力消散，压力渐渐从孔隙水转嫁到土骨架上，待孔隙水压力完全消散，压力完全落在土骨架上，土体压缩完成，这个过程叫做固结。这里涉及土力学最基本的有效应力原理，涉及土的变形、强度的方方面面，是土力学最基本的概念，岩土工程师必须清清楚楚。

（3）非饱和土中的负孔隙水压力

非饱和土是固、液、气三相，不存在静水压力，更不可能产生超静水压力。相反，由于表面张力，孔隙水压力是负值。地下水位上方的孔细管现象，也是由张力形成。非饱和土中也有渗透作用，但其规律比饱和土复杂得多。

此外，还有一种渗透力，由渗透对土粒的拖曳作用形成，是一种体积力。向下渗透增大土重，向上渗透减小土重。当压力差增大至某一数值，向上的渗透力克服了土粒向下的重力时，土粒处于悬浮状态，出口处就会发生流土、管涌等渗透破坏。

16.2　静水压力和浮力

水是流体，所以静水压力有以下特点（这里指的是单位面积压力，即压强）：

（1）静水压力的大小取决于它的水头高度，水头越高，压力越大，和地表水完全一样，都是呈三角形分布。

（2）水中某点的静水压力，各方向相等，即向上、向下、向左、向右、向前、向后均相同。

（3）静水压力仅与水头高度有关，与土的重度、浮重度、密实度、渗透系数等都没有关系。不要望文生义，以为静水压力只是静止状态时才有静水压力，流动的地下水一样有静水压力。

通常讲的地下水压力指的就是静水压力。浮力是静水压力中向上作用于物体的力，因此，浮力是静水压力的一种形式，知道了静水压力，就知道了该水头高度上的浮力。

16.3　多层地下水的静水压力

第四纪土基本上都有一定的渗透性，含水层和隔水层是相对的，完全不透水的隔水层基本不存在。当上下含水层之间水头不同时，可以越流渗透，虽然速度非常慢。

勘察报告提供的潜水的水位、承压水的水头，都是水力学的总水头，亦即测压水头。总水头包括压力水头、位置水头和速度水头三部分，但地下水稳定渗流时流速非常小，速度水头可以忽略不计。

（1）总水头上下相同

上下含水层之间虽然可以越流渗透，但如果补给和排泄条件都很稳定，最终会达到平衡状态，这时勘察报告提供的上下各含水层的水位（水头）相同，沿深度方向上下各点的总水头（测压水头）相同，压力水头呈正三角形分布，位置水头呈倒三角形分布，总水头呈矩形分布，见图 16-1。

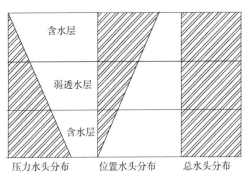

图 16-1　无越流渗透条件下的水头分布示意图

（2）总水头上下不同

如果上下含水层的总水头存在差异，就会产生越流渗透。渗流会产生水头损失，含水层渗透性强，可忽略不计，隔水层渗透性弱，水头损失明显。可能有两种情况：一种是上层水头高于下层，上层水向下渗透，地下水受大气降水补给的平原地区一般如此（图 16-2）。另一种是下层水头高于上层，向上越流渗透，这种情况在自流盆地中常见，水头分布见图 16-5。

层间水一般是承压水，如果长期超采地下水，使被采含水层的水头不断降低，原来的承压水可能变成了层间潜水。当下层水为层间潜水时，相对隔水层底至层间潜水位之间为非饱和带,其水头分布见图16-3。当下层水位刚好位于相对隔水层底与下部含水层顶时,其水头分布见图16-4。

含水层的水头可以分层测定,隔水层的水头不好测,可根据上下含水层的水头计算。

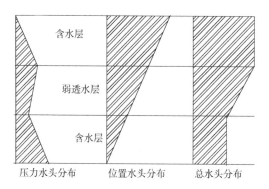

图 16-2　有越流渗透条件下的水头分布示意图

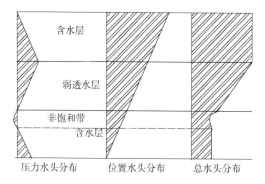

图 16-3　下层为层间潜水条件下的水头分布示意图

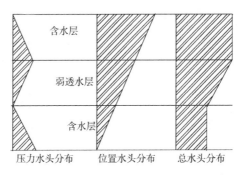

含水层

弱透水层

含水层

压力水头分布 位置水头分布 总水头分布

图 16-4　有越流渗透条件下的水头分布示意图

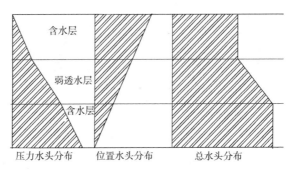

含水层

弱透水层

含水层

压力水头分布 位置水头分布 总水头分布

图 16-5　下层水头高于上层水头条件下的水头分布示意图

　　如果两含水层之间的确有个完全不透水的隔水层，那就不存在越流渗透，隔水层中也不存在水压力，上下含水层完全独立，其水头分布见图 16-6，自然界罕见。

16.4　潜水和承压水的异同

　　潜水和承压水的差别在于，潜水有一个自由的水面，

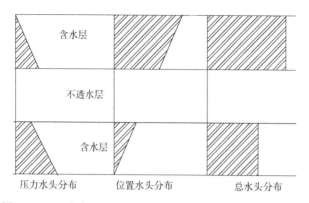

图 16-6　两含水层之间为不透水层条件下的水头分布示意图

没有顶板约束；承压水有顶板约束，测压水头高于含水层顶面。抽水时承压水的流线水平，潜水的流线弯曲，比承压水复杂，并有渗出面问题。这个问题对基坑降水有重要影响，常常成为降水失效的重要因素。由于已在《岩土工程典型述评》及其他场合多次论述，不赘述。

但是，承压水顶板的约束是对渗透流速的约束，不是把上下含水层完全隔离。承压水与其上方潜水的水头和水压力是相通的，必须统一考虑，不存在独立的承压水压力，这个问题将在下一篇中详细讨论。

顺便提一句，钻孔中上下含水层串通后的混合水位，没有明确的物理意义，不能用于任何科学计算。应分别测定各层地下水的稳定水位，再根据地下结构底板底面的位置计算浮力。

17　被误解的承压水

前些日子网上讨论过一个问题：

$$F_{fc} = p_w - \gamma_m h_c$$

式中　F_{fc}——承压水水头产生的浮力标准值（kN/m^2）；

　　　p_w——承压水的水头压力值（kPa）；

　　　γ_m——承压水层顶面与地下结构底板底面之间土层的平均浮重度（kN/m^3）；

　　　h_c——承压水层顶面与地下结构底板底面之间土层厚度。

上式中的 γ_m 原文为浮重度，有网友认为应该是饱和重度或天然重度，其实都不对。

如果承压水顶板完全不透水，地下结构的底板位于承压水顶板的上方，那么承压水对基底应该不会产生浮力。没有水，哪来浮力？

实际上，承压水顶板并非绝对不透水，隔水是相对的。如果一定要用上式计算，那么 γ_m 应改为 γ_w 即水的重度。浮力是静水压力，只与水有关，与土粒没有关系。当然，事实上不需要这么算，将承压水头标高减去地下结构底面标高，再乘以水的重度，就是该标高处的静水压力，对于地下结构就是浮力。何必还要绕个圈子。

所以，这是个伪命题。

出现这个问题的根源在于对多层地下水，特别是对承压水的认识有误。多层地下水上一篇谈过了，下面重点谈承压水。

什么叫做"承压水"？不要误解为承压水就是对绝对不透水顶板有压力的地下水。顶板本身也是饱和土，不是绝对隔水，只是渗透性小而已。承压水有顶板约束，是对渗透的约束，不是对水压力的约束。因顶板渗透系数小，故即使有水力坡度，流速也很缓慢，因而地下水主要在渗透系数强的含水层中流动，但静水压力照常传递。承压水浮力的计算，和潜水完全一样，均可根据测压水头计算，只是潜水的测压水头在潜水面，承压水的测压水头高于含水层顶面而已（图 17-1）。

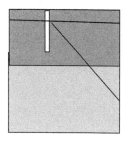
（a）潜水

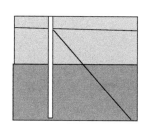
（b）承压水

图 17-1　静水压力

潜水、承压水的水头是地下水的基本概念，搞清楚就可以了。抗浮设计真正的困难在于抗浮设防水位的确定，应着力研究，求得突破。难在哪里？难在一是各地情况不同，差异很大，必须一把钥匙开一把锁，各地自己研究解决。二是随着跨流域水资源调度的加强，建筑场地最高水位的预测，涉及未来数十年经济、社会、政策、管理等多方面因素，不是一个单纯的科学技术问题。当前地下结构上浮事故频发，原因复杂，但抗浮设防水位问题无疑是需要主攻的难点。

18 难缠的水，可怕的水

　　近来微信群中讨论于不少关于地下水的问题，都觉得水的问题难以把握。我也觉得，由于水的原因出的工程事故的确最多，令人困惑，令人畏惧。前些天我在网上发的《岩土故事》中，有好几则与水有关，现在也来举例说明，岩土工程师一定要高度重视地下水问题。由于详情已在《岩土故事》《岩土工程典型案例述评》《求索岩土之路》中有了介绍，这里从简。

18.1　众说纷纭的抗浮设防水位

　　地下水对工程浮力的计算，关键在于抗浮设防水位，抗浮设防水位一经确定，具体计算便迎刃而解。抗浮设防水位各地差别很大，有的地方很简单，譬如地下水位高的多雨地区，只能考虑在地面；黄土高原的塬上，一般工程不必考虑抗浮设防。但有的地方很难，譬如北京，20 世纪 90 年代曾经发生过激烈的争论。原因是 20 世纪 60 年代之前，北京城区的地下水位在地面下 1 ~ 2m，由于长期超采地下水，20 世纪 80 年代以后降至地面以下十几米。张在明院士生前做过深入研究，得到了若干影响未来水位的主要因素：一是大气降水因素；二是地形和水文因素；三是地下水开采量；四是永定河官厅水库放水；五是南水北调。认为未来北京的地下水位肯定会上升。这个结论大家都赞同，但上升多少，抗浮设防水位取多少，就众说纷纭了。原因很简单，气候、水文、地形是自然因素，可用科学方法计算，但地下水开采量，官厅水库放水、南水北调是人为因素，未来情况如何，只能凭个人主观想象的合理性推测，当然各有不同。况且，今后还会有新的政策，新的措施，新的人为干扰，一个勘察单位怎么有能力预测？

据说现在专家之间的意见似乎比较接近，大概是经过多年的会商和磨合，觉得这个数字比较合理。因此我想，要求某一勘察单位评估某一工程项目的抗浮设防水位，实在勉为其难。况且，有些勘察单位能力差，只会"照猫画虎"，甚至连"猫"也没有画像。不如由几个力量较强的单位联合研究，制定全市各地抗浮设防水位的基准区间，具体工程项目设计时再根据具体条件调整。

我曾访问过北京市的水务部门，他们说，北京已有完善的水资源调配管理系统，将地表水和地下水，本地水和外来水，生活用水、生产用水和环境用水，进行统一调控。所以他们认为，无论水位上升过多还是下降过多，都有能力调整到相对合理水平。知道这个消息后，我又有一个新思路，可否在地方政府主管部门的领导下，以水务部门为主，会同有关单位联合研究，综合考虑供水需求与水资源条件、工程安全与生态建设、调控能力与经济条件，制订出合理的水位区间，作为水务部门的调控目标。在调控能力完善的条件下，变被动为主动，变预测为规划，用调控目标水位作为抗浮设防的基准水位。

18.2　陷入设计困境的裂隙水

邯郸水泥厂是 20 世纪 60 年代建设的国家重点工程，厂址位于河北省邯郸市峰峰矿区（当时行政区划）的一个山坡旁。主厂房地基为中生代砂页岩，裂隙较发育，勘察时未发现地下水，因而工厂的地下结构均按不防水设计。基坑开挖后，发现地下水从岩石裂隙内渗出，水量虽然不大，但水泥最怕水，地下结构设计必须修改。而且，防水结构还要考虑水压力，而原设计并未留有这个空间，弄得设计单位相当被动，只得向建筑工程部设计总局施嘉干总工程师请示。施总听了汇报后，觉得问题复杂，便亲赴现场，观察实际情况，与勘察、设计人员多次讨论，反复论证，才定下设计的修改方案，停工许久后才继续施工。

为什么勘察时没有地下水，施工时出现了地下水，显然与工程建设整平场地有关。自然条件下这里是个斜坡，地表水和地下水均可顺畅排泄，所以没有地下水储存。整平场地后，陡坡成为平地，地表水渗入地下大量增加，压实的回填土和已建的地下结构又阻挡了地下水的排泄通道，地下水便在裂隙中积聚起来，对工程产生了不利影响。这个问题幸好在施工期间发现，如果投产后出现，那就更麻烦了。

邯郸水泥厂裂隙水的问题，我也去了现场，参加了前前后后多次讨论，但时间已经过去了半个多世纪，记不清了。只记得有下面几方面的意见：

（1）为了确定设防水位和计算水压力，必须知道裂隙水的最高水位。但最高水位很难预测，只得保守考虑，取室外地坪标高，并做好地面排水。

（2）计算水压力是否按静水压力？有不同意见：有人认为应按静水压力，与地表水、土中水相同；有人认为，岩体中的裂隙水与土中的孔隙水不同，岩体断面的固体部分没有水压力，只有裂隙部分才有水压力。

（3）虽然裂隙水的水量很小，只赋存在裂隙中，但不能保证肥槽填料不透水，所以仍应按静水压力计算。最后采纳这个意见，故水压力相当大。

（4）基坑开挖后，岩体裂隙部分用水泥砂浆勾缝，阻止地下水流出；肥槽用不透水材料填实，曾考虑用沥青混砂石料，地下结构可以不考虑水压力。但觉得这个方案不牢靠，未予采纳。

这件事情具有普遍性，教训至今不能忘记。勘察往往只注意查明当时的地质条件，不注意工程建设对地质条件的影响，尤其是对水文地质条件的影响。工程地质也好，岩土工程也好，研究的就是工程和地质的相互关系，相互作用，千万不要忘记这个基本任务。岩土工程师要有科学预见，既要看到当前，还要着眼未来，预估工程建设对地质环境的影响，采取相应措施，防止工程病害和事故的发生。

18.3　视而未见的渗透破坏

这是位于北京郊区的一个基坑工程，采用降水与回灌相结合的方法控制地下水，尚未挖到设计标高，出现了地下水。在坑底周边用碎石回填成盲沟，将水引至集水坑内抽出坑外。继续开挖至接近设计标高时，发现有明显的冒水现象，形似无数"泉眼"。负责降水的单位误认为，是粉土和粉质黏土的渗透性质特殊，垂直渗透系数远大于水平渗透系数。其实这是一起典型的流土，即渗透破坏。土体已处于失重状态，受到严重破坏。在基坑内做的载荷试验也说明，地基土已经严重扰动，只得放弃天然地基，采用桩基础。

这个工程的降水方案问题不少，可以从中汲取很多教训，这里不细说了。其中之一是，发现问题，准确定性最为重要。岩土工程有些概念，不是书本上学会了就真的懂了，要反复观察，反复实践，才能真正理解。我相信，这位负责基坑降水的工程师肯定学过渗透破坏知识，但实际问题摆在他面前，却又糊涂了。至于认为土的垂直渗透系数远远大于水平渗透系数，那是根据现象做的简单判断，没有透过现象，看到本质。水中沉积土有层状结构，一般都是水平渗透远大垂直渗透；只有风成黄土，由于柱状节理发育，垂直渗透大于水平渗透。

18.4 凶猛可怕的水压力

2003 年 7 月 1 日，正在施工的上海地铁 4 号线越江隧道旁通道，发生水和泥砂涌入，导致地面严重塌陷，三幢建筑物巨大沉陷、倾斜，防汛堤破坏、溃决，黄浦江水倒灌。灾情极为凶险，造成巨大的经济损失和恶劣的社会影响，是一起震动全国的重大事故（图 18-1）。

越江隧道位于地铁 4 号线浦东南站与南浦大桥站之间，穿过黄浦江底，隧道顶部的最大深度达 37.7m。事故发生在隧道上行线和下行线之间的联络通道（旁通道）处，旁通道采用冻结法施工，其上的风井为逆作法施工，已经完成。

7 月 1 日凌晨，发现旁通道泥水涌入。紧接着，以风井为中心的地面出现塌陷漏斗，并不断扩大和加深。风井、音像楼、文庙泵站出现严重沉陷和倾斜，黄浦江防汛墙出现裂缝，并不断加剧。7 月 2—3 日，隧道内继续大量进水，管片损坏程度不断发展，地面塌陷漏斗继续扩大，最深达 4m。音像楼倾斜加剧，楼板断裂。黄浦江河床严重扰动、下沉，防汛墙破坏、溃决。江水涌向风井，并从风井进入隧道，加剧险情。经全力抢险，直到 7 月 4—5 日才逐渐趋于平稳。

这次事故的直接原因，是冻结法施工方案存在缺陷，开挖顺序存在问题，在指标不到位的情况下冒险开挖，冻结墙失效，导致事故发生。内在原因是 7 层砂质粉土和粉砂层中的高承压水，水头达 21.7m，旁通道正在粉砂层中。施工方案论证时，对高承压水的危险性认识不足，以致一旦失去屏障，巨大的水压力裹挟着泥砂涌入旁通道，造成地下掏空，隧道结构破坏，地面塌陷。因此，事故的元凶是高承压水。

图 18-1　事故现场

下面介绍另一起事故，与上面那起事故比，虽然是小巫见大巫，但同样非常凶猛可怕。

1989 年 8 月，位于北京市东三环路附近的东方艺术大厦（后改名），主体工程建到4层，肥槽早已回填，突然发生了一起地下室外墙被水冲毁的事故。那天下午，我所在单位的刘根生，正在工棚里整理基坑支护资料。突然听到一声巨响，急忙出去观看，原来是地下室的外墙被冲毁了。我闻讯来到工地，进入地下室，见到地下室外墙很高很宽，具体尺寸不记得了，被水冲了一个长二十多米，高十多米的大窟窿。粗大的钢筋和破碎的混凝土块一片狼藉。基坑肥槽内的回填土和水全部流失，室内到处是泥水，但作为基坑支护结构的护坡桩和锚杆仍完好如初。

这里是地下室向外挑出的一跨，设计图纸上有两道内隔墙支撑外墙，设置了后浇带，此时尚未浇筑。设计图纸说明要做临时支撑，但向施工单位交底时没有专门说明，施工人员也未予注意。肥槽回填时没有按要求夯实，雨期时肥槽浸水，水压力将1200mm厚的钢筋混凝土墙冲毁。

区区肥槽里的一点水，却把如此厚的钢筋混凝土墙撕得粉碎，太可怕了！

这两则故事的科学道理其实非常简单，初中生也明白，因为地下水埋藏在地下，把人们蒙蔽了。

18.5 岩土工程难于水

上面讲的第一个例子，是拖了三十年没有解决的老大难,至今还是没有定论。第二个例子是小水成了大麻烦,难住了大工程师。第三个例子是流土,不仅让基坑挖不下去,还使地基土彻底丧失了强度,连专业人员也被蒙蔽了。第四个例子很像天方夜谭中的那个妖魔,千年沉在海底小瓶里安然无事,一旦被渔夫捞起打开,立刻成了狰狞恐怖的吃人巨魔。第五个例子区区肥槽小水,如此巨大能量,印证了千里之堤,溃于蚁穴,太可怕了。

岩土工程中水的问题,实在太重要了,难题实在太多了。试看,地基基础、基坑、边坡、隧道、地下洞室等工程的病害和事故,大多与水有关。很大一部分岩石遇水软化,失水崩解,最怕水。岩体中的裂隙水和岩溶水,赋存于复杂多变的裂隙和岩溶系统之中,其赋存、压力和运动怎能确切调查清楚?土力学中的渗透、固结、强度、孔隙水压力、基质吸力,哪一个不与水直接有关?地基基础设计的基础埋深、地基承载力、地下水浮力都离不开水。流土、管涌、基坑降水和隔水、边坡失稳、道路翻浆、隧洞和矿坑的突水和突泥,都直接与水有关。土的崩解、湿陷、胀缩、冻胀、融沉、溶陷、盐胀,都是水在起作用。崩塌、滑坡、泥石流、岩溶塌陷、地震液化、地面沉降、地裂缝等地质灾害,水是最重要的因素。水和土对混凝土的腐蚀,水土污染和污染物的运移,没有水的介入,一切都不会发生。与岩土有关的生态和环境问题,哪一件离得了水?

岩土三相中，水最活跃、最不稳定，最难懂、最难查、最难防、最难治，最易形成事故和灾害，岩土工程之难，难于水。但再难也要学，也要查，也要防，也要治，岩土工程的学问好像都藏在水里。水是那样的难缠，那样的可怕，但又那样的神奇，那样的美妙，那样的活泼可爱。让我们在与水的交往中窥测水里的奥秘，领略水的科学美。

19 唐山大地震的怪现象

拙作《求索岩土之路》专设一章，记述了笔者两次考察 1976 年 7 月 28 日的唐山大地震，并有一章专门介绍地震液化。考察之前，虽然学过一些地震、抗震和土动力学知识，但印象并不深刻。经实地考察，目睹灾情，满目疮痍，非常惨痛，也亲眼见到了各种怪异的现象，至今历历在目，永生不忘。其中之谜，有些至今不解。

19.1 6 度和 11 度

唐山地震里氏 7.8 级，后修改为 7.9 级，震中烈度 11 度，夺去了 24 万人的生命，损失财产数百亿，几分钟的时间，摧毁了一个重要的工业城市。有的地方一片瓦砾，有的楼房只剩下残墙断壁。供电、供水、铁路、机场等全部破坏。灾情为什么如此严重？我觉得最重要的原因是不设防。当时的地震区划图上，唐山为 6 度，是个"不设防的城市"；而实际上，震中烈度达 11 度，波及北京已经是 6 度了。一个不设防的城市，怎能经得起如此强烈的地震？从党政领导到基层厂矿，从专业人员到平民百姓，没有一点思想准备和技术措施。图 19-1 和图 19-2 分别为轻工机械厂车间，只剩下残垣断壁；开滦煤矿总医院，严重倒塌（本篇照片均为笔者所摄）。

图 19-1　轻工机械厂车间

图 19-2　开滦煤矿总医院

19.2　永久性变形

图 19-3 为地面出现永久性的大变形，使铁路轨道严重扭曲，显然是地面经受了强烈的挤压。地面受拉开裂见得更多，长短宽窄不等，多呈雁形排列。严重的地面永久性变形，怎样从理论上解释？

图 19-3　铁路轨道严重扭曲

19.3 会飞的桥

钢筋混凝土桥面被甩向一边，叠在一起（图 19-4）。地震时是什么力量把桥面抛得那么远？这样大的初速度，至今无法想象。

图 19-4 桥面被甩向一边，叠在一起

19.4 地面断裂和发震断裂

地震后，吉祥路一带出现了一条雁形排列的地面断裂（图 19-5），走向北东 40°～50°，与发震断裂一致。断裂将吉祥路切断，使一行树木错开。水平错动 1.25m，垂直落差 0.6m。当时很多人认为，这条地面断裂就是发震断裂向地面的延伸。但现场挖掘发现，断裂迹象越深越小，逐渐尖灭，与深部基岩没有直接联系。又下入唐山矿的矿井调查，没有找到相应基岩断裂。

发震断裂在十几公里深处的基岩中发生，地面的土中断裂是地震动的地面反应，猜想二者直接贯通的说法未免太简单化了。

图 19-5　地面断裂，直线排列树木错开

19.5　大震中的安全岛

唐山陶瓷厂位于 10 度区内，为砖石承重结构，抗震性能并不好，地处大城山附近，岩石地基，震后建筑物基本完好（图 19-6），仅墙体有轻微裂缝，稍加修缮即可使用，相当于 6 度震害。而一二百米外就是 11 度区，一片瓦砾。陶瓷厂成为唐山地震有名的"安全岛"。

这样强烈的对比，远远超过我们的想象，说明认识场地与地基的地震效应是多么的重要！

图 19-6 唐山陶瓷厂，10 度区内基本完好

19.6 湿震和干震

唐山地震发生大面积液化。居民反映，地震发生后先喷水，后冒砂，遍地有 20～30cm 深的水在流动，接着房基沉陷，有的水缸、家具、粮食袋也陷入土中。液化后地面高低不平，形成一个个砂堆和大量地裂缝。图 19-7 为液化喷水冒砂口，图 19-8 为液化使水位上升，图 19-9 为液化造成不均匀沉降。

图 19-7 液化喷水冒砂口

139

图 19-8　液化使水位上升

图 19-9　液化造成不均匀沉降

　　液化虽然造成地面严重变形，基础大量沉陷，建筑物损坏严重，但在高烈度区，房屋倒塌和人员伤亡比相邻的非液化区轻得多。因此，居民中流传一种说法："湿震不重干震重"。天津是波及区，总体震害比唐山轻得多，但液化的严重性一点也不次于唐山。地震惯性力造成的破坏与震中距有关，离震中越远，震害越轻。液化的严重程度与震中距关系不太密切，而主要取决于场地土的特性和地下水位。体现出液化的"大震不重，小震不轻"。

只有到现场调查，才能理解液化宏观震害的真相，才能理解液化孔隙水压力消散的科学规律。

19.7　水塔和小平房

1976年11月15日，天津宁河发生强余震，里氏6.9级，震害有些"怪异"。宁河地处软土带，地基土的卓越周期长，因而长周期的水塔全部倒塌，一个不剩，短周期的小型建筑保存了下来。倒塌的水塔旁有一座小型建筑，完好无损，连最易震毁的房顶突起的小阁楼也完好保存（图19-10）。

工程结构和地基土的共振效应是多么明显！

图19-10　软土地基上不同自振周期震害效应

19.8　大难中的幸存者

　　唐山大地震造成 24 万人罹难，但也有很幸运的幸存者。我院一位工友，出差在唐山，准备乘火车回京。因候车室闷热，席地坐在候车室门口。地震发生时，觉得身后有股很大推力，他向前一冲，回头一看，候车室已经完全倒塌。开滦煤矿基建处的何侠豪先生，家住在 11 度重灾区的 3 层楼上，地震时房屋立即倒塌。他迅速跑到立柜旁，大立柜保护了他。他夫人正好躲在楼板架空的一个空档里，大喊"何侠豪，你一个人逃啦？"他们住的 3 层楼只剩了半层，他俩旋即从窗户跳下，挖出在附近平房里住的儿子，一家三口在极震区平安无恙。我的两位大学同学史纯泉和王素华夫妇，在河北矿业学院任教。河北矿业学院是重灾区，损失惨重。他家住在一层，上面两层倒掉，一层基本完整，不仅全家无人伤亡，连家具也没有损坏。听说还有人睡在楼上，地震时外墙倒塌，他连床带人飞出楼外，落在地上依旧躺在床上，安然无恙。

　　地震时有人在唐山矿新风井第三层值班，地震时底层破坏，混凝土碎裂，钢筋支着筒体慢慢坠落，他觉得像乘电梯似的下坠，从第二层窗口爬出。图 19-11 为震后唐山矿风井。

图 19-11 震后唐山矿风井

19.9 感想

场地和地基的地震效应非常复杂,迄今我们的认识还非常肤浅。对于覆盖层的放大作用,现在规范用覆盖层厚度和等效剪切波速划分场地类别;对于液化,规范用概念＋经验的方法判别。虽然实用,但未免粗糙。至于断层复活,地面破裂,液化滑移等地面永久性变形,认识就更模糊了。有人认为,现在的研究严重忽视了面波(瑞利波和勒夫波)波动场的问题,而地震波动场对多种地表震害有决定性作用。国内外从事液化机制研究的专家不少,但都侧重于用土样在仪器上进行动力试验,而从宏观角度在现场进行研究则极为罕见。其实,现场的液化机制,特别是孔隙水压力上升和消散的规律,至关重要。液化还会改变地震动的振幅,频率和持时三大特征，从而影响对工程的震害。

我们对地震的认识太"幼稚"了，比认为"天圆地方"的古人高明不了多少。但是，"幼稚"代表着前程远大。一个个怪现象，是一座座等待开发的宝藏。偶然，蕴含着科学的必然。人生苦短，探索却永恒、无限。

20 编制《工程勘察通用规范》的思考

在研究编制《工程勘察通用规范》时，笔者参与了讨论，但未参与该规范的编制，本不应在该规范上列名，但后来还是被列上了。现将那时对本规范的一些思考，归纳整理如下。

20.1 定位

根据新的《中华人民共和国标准化法》，只有少数全文强制的国家标准是法定强制，其他标准都不设强制性条文。《工程勘察通用规范》是全文强制的国家标准，有技术法规的职能，定位于标准化体系的顶层。

工程建设均须勘察，包括房屋建筑、市政工程、工厂矿山、道路桥梁、港口码头、水利水电、地下工程、岛礁工程等，因此，《工程勘察通用规范》是一部跨行业的勘察规范。

工程勘察可定义为，"为工程建设而进行的地质勘察"。具体任务是查明岩土和地下水的时空分布，测定工程需要的指标和参数，调查不良地质作用和地质灾害，为工程建设的技术决策提供资料和数据。勘察的本意是调查研究，从不知到知，从知之不多到知之更多，探索性很强。

摆在本规范编制人员面前的，是编制一部覆盖各行业、具有技术法规职能的新规范，难度很大。几十年编写技术规范的经验用不上了，应摆脱过去的思维定式，以全新的思路思考问题，投入编写。

20.2 刚性约束和弹性约束

通用绝不能"统死"，对于探索性很强的工程勘察尤其如此。要鼓励勘察人员因地制宜、因工程制宜，鼓励采用新技术、新方法，鼓励制订先进实用的团体标准和企业标准，使基层充满活力。通用规范是无条件执行，因而每一条每一款都必须慎重，都必须"放之所有项目而皆准"。只牢牢守住底线，把细节交给较低层级的标准。

不久前，住房和城乡建设部发出了《关于培育和发展团体标准的意见》，拟将大多数现有的推荐性国家标准和行业标准逐步改造为团体标准。并指出，"应坚持市场主导，政府引导"，团体标准被"建设单位、设计单位、施工单位协商订入合同，即为工程建设依据，必须严格执行"。这就意味着，市场机制是通过合同实现的，无论哪本标准，一旦纳入合同，就必须执行。这就是国家法定约束与市场手段约束相结合，国家刚性约束与市场弹性约束相结合。

今后的勘察工作，除了本规范必须执行外，采用其他标准有很大的可选择性。各项目实际采用了哪本标准，勘察报告一定要具体列出，否则无法检查勘察工作是否达到要求。

20.3 三条底线

通用规范宜粗不宜细，只规定不可逾越的底线，并牢牢守住三条底线：

（1）勘察质量的底线。主要是资料和数据的真实性和可靠性，真实性和可靠性是工程勘察的生命，不真实和不可靠的勘察成果可能误导技术决策，危害极大。在追逐利益最大化的市场经济社会，防止弄虚作假和粗制滥造，永远是件重要任务。尤其要强调原始记录（包括手工记录、电子记录、自动记录）的真实可靠，并有可追溯性。取样和测试关乎参数是否可靠，也是目前的薄弱环节，应严格规定。应强调勘探测试的仪器设备、操作流程、数据采集和处理，均应符合相关标准。

（2）人身和工程安全的底线。一是确保勘察作业的安全，防止对人员的伤害；二是防止作业损害地下管线、地下构筑物，避让架空电力线路等；三是防止不良地质作用和地质灾害对工程的威胁，包括工程建设引发的人为不良地质作用和地质灾害。

（3）保护环境的底线。勘察作业应严禁遗弃泥浆、油污、塑料等废弃物，勘察工作结束后，应清理现场，回填钻孔，恢复原状，防止不同水质的含水层混融，严禁造成水土污染。工程建设是一种人为地质作用，可能引发地质和生态环境的改变，特别是大挖大填，会引发地质条件的重大变化，引发地下水位的上升或下降，对造成环境的影响应进行评估。

20.4 求同存异

工程项目虽然十分多样，但勘察工作的目的和手段是相同或相近的。过去产业部门各自编制规范，造成大量重复和矛盾，是计划经济遗留下来的弊端，亟待解决。因而编一本全国统一的国家通用勘察规范十分必要，决不能再犹豫。考虑到本规范是第一部跨行业的通用勘察规范，适当照顾各行业已经形成的习惯也是必要的，故应求同存异。因此，本规范主要规定各行业均可适用的内容，某行业特有的问题尽量留给行业标准或团体标准。譬如"勘察等级"有的行业有，有的行业没有，"勘察阶段"各行业各不相同，本规范不规定了。勘察报告分析评价的深度，各行业要求不同，本规范也不宜做统一规定。

现在，建筑工程和各工业部门实行的是岩土工程勘察，铁路、公路、水利水电等部门实行的是工程地质勘察，为了让各行业都能接受，本规范定名为《工程勘察通用技术规范》是合理的。兼容并包，原先做工程地质勘察的行业仍可做工程地质勘察，原先做岩土工程勘察的行业仍可做岩土工程勘察。

20.5 勘察要求

作为全文强制的国家规范，本规范只需规定关乎生命、财产、工程的安全，关乎生态环境保护等特别重要的勘察要求，细微的具体要求由其他相关标准制订。理由很简单，工程项目不仅种类繁多，大小差别也非常大，大至一个工业基地、一个水利枢纽工程，一条长距离铁路，一座大型矿山，除了常规勘察外，有时还有若干技术难题要攻关。小至一个单体建筑、一个小型涵洞、一条短短的城市过街隧道。有的大型项目分解为若干标段，分别由几个勘察单位承担。有时甚至只委托一个试验项目，只要求提交一份试验报告。再加上我国幅员广大，各地的地质条件有很大差别，要对勘察要求一一做出强制性的具体规定，是绝对办不到的，也没有这个必要。

当场地存在特殊性岩土、不良地质作用和地质灾害，如湿陷性土、多年冻土、膨胀岩土、污染土、岩溶、塌陷、崩塌、滑坡、泥石流、活动断层、采空区、高地压、岩爆、易燃易爆及其他有害物品时，情况复杂，对工程威胁很大，应予充分关注，做出相应规定。对超出标准限制的工程勘察、缺乏经验且有安全风险的特殊岩土和特殊地质条件，应专题论证，并进行同行专家评审。

20.6　只定规矩，不教技术

通用规范的制定，应该像制定交通规则那样，只制定规则，不要管驾驶技术。譬如说，红灯停、绿灯行是交通规则，应予规定；至于怎样踩刹车，怎样踩油门，那是驾驶技术，交通规则就不管了。譬如可以规定钻探应达到规定的岩芯采取率，但采取什么措施，就不必规定。我国传统的技术规范是工程经验的总结，规定了不少遇到这个问题该怎么做，遇到那个问题该怎么做。还规定了应查明哪些问题，工作量应如何布置等。通用规范原则上都不必写，留给其他标准，留给项目负责人自己确定。

21　工程勘察若干术语的辨析

这是笔者参与《工程勘察通用规范》（征求意见稿）讨论时，对若干术语问题的解答。当然只是个人想法，不代表主编单位，归纳整理时稍有文字修改。

（1）问：工程地质条件是否包括地下水？

答：工程地质条件包括地下水，而且是非常重要的一部分。很多工程地质问题与地下水直接有关，譬如地下水位上升引起黄土湿陷，地下水渗透引起流土、管涌，地下水影响边坡稳定等，所以工程地质条件一定要包括地下水。

（2）问：不良地质作用是否包括地震效应？

答：本应包括。地质作用有内力作用和外力作用两部分，内力作用包括地震和活火山，我国主要是地震；外力包括风、河流、海洋、地表径流、冰川、地下水等的地质作用，如移动沙丘、崩塌、滑坡、冲刷、泥石流、岩溶、塌陷等。由于我国地震问题比较普遍，基本上每个工程都会遇到，而其他不良地质作用并非经常遇到，作为特殊地质问题，故一般将地震单独列出，不放在不良地质作用中。

（3）问：地震效应怎样定义？

答：地震效应这个术语范围很宽，建议改为"场地地震效应"。《岩土工程勘察术语标准》对场地地震效应的定义是：地震时场地出现各种反应的总称。

不同的地形地貌、不同的岩土性质及其组合、不同的地下水情况，地震时都会产生不同的反应，划分场地类别就是基于这个效应。由于场地条件不同，有的场地振幅会放大，有的场地会发生液化、震陷，有的场地会发生断裂活动、崩塌、滑坡、地裂、塌陷等地质灾害，都是场地地震效应的表现。虽然《岩土工程勘察规范》将活动断裂单列一节，未涉及地震诱发地质灾害，但广义的场地地震效应都应该包括。

（4）问：既然工程地质条件包含地下水问题，那水文地质条件怎么理解？

答：一切与工程有关的地质条件称工程地质条件；一切与地下水有关的地质条件称水文地质条件。两者是有交叉的，建议本规范只提查明工程地质条件，其中已经包含了地下水，十分明确完整。如果加上水文地质条件，那就画蛇添足，说不清了，和工程无关的水文地质条件难道也要查明吗？

《岩土工程勘察术语标准》对工程地质条件的定义是：与工程建设有关的地质条件，包括岩土的工程特性、地下水、不良地质作用、地质灾害等内容。与上面的说法一致。

（5）问：怎样定义术语？

答：一条术语就是一个概念，概念包括内涵和外延。内涵是概念的本质属性，外延是概念的范围。内涵是灵魂，外延是躯体。定义一条术语，有人用内涵，有人用外延，有人兼而用之。我觉得最好用内涵，因为内涵反映了它的本质属性，为了容易理解，必要时再加外延。尽量不只用外延定义，因为外延往往不胜枚举。

例如，工程地质条件的定义是：与工程建设有关的地质条件，包括岩土的工程特性、地下水、不良地质作用、地质灾害等内容。这里，"与工程建设有关的地质条件"是内涵；"包括岩土的工程特性、地下水、不良地质作用、地质灾害等内容"是外延。

术语一定要稳定，不要随意更改。对于已经约定俗成的术语，应尽量沿用，不要轻易改变，所以初始定义时一定要慎重。例如"基础沉降"在词义上并不贴切，本来水中称"沉"、空气中称"降"、土中称"陷"，但"基础沉降"既已形成习惯，不太贴切也不改了。再譬如"旁压试验"，实际上不是在旁边压，而是横向压，应称"横压试验"，曾经想改，没改过来。还有"建（构）筑物"，作为建筑物和构筑物的合称，虽沿用已久，但构词规则不完善。括号不一定表示并列，还可以表示同义和注释，譬如岩溶（喀斯特）是同义，地质灾害（滑坡、崩塌、泥石流等）是注释。

（6）问：勘察与勘探有什么区别？

答：勘察原意是调查研究，前面加了定语，"工程勘察""工程地质勘察""岩土工程勘察"，成了专门术语。外延包括勘察的所有工作，如测绘、勘探、测试、评价、成果报告等。

勘探是勘察的一种手段。《建筑工程地质勘探与取样技术规程》定义工程地质勘探是"为查明工程地质条件而进行的钻探、井探、槽探、洞探工作的总称"。《岩土工程勘察术语标准》定义岩土工程勘探为"岩土工程勘察的手段，包括钻探、井探、坑探、槽探、洞探以及物探、触探等"。两本标准稍有差别。前者所列的都是直接勘探手段，物探和触探见不到实物，是间接勘探手段。

（7）问：触探是勘探还是测试？

答：静力触探和连续贯入的圆锥动力触探都有两种功能，勘探和测试。静力触探得到的比贯入阻力、锥头阻力、侧壁摩擦力，动力触探得到的贯入锤击数，可根据经验，根据对比试验和统计分析，知道土的力学性质和地基承载力，是原位测试；连续贯入的静力触探和动力触探，可得到地层随深度的变化，进行力学分层，可辅助钻探，绘制剖面图，是勘探功能。由于见不到土样，只能根据数据判断，所以是间接的勘探方法。标准贯入试验的数据是不连续的，故只是原位测试，没有勘探功能。《岩土工程勘察规范》GB 50021—2001 将触探列在原位测试；该规范的前身 1977 年版《岩土工程勘察规范》将触探列在勘探，都没有错。

（8）问：指标和参数有什么区别？

答：广义的指标是某项目标的数据，岩土工程特性指标是某种岩土某项性质的数据，包括物理性质、力学性质、化学性质等。参数是一个变量，岩土参数一般指计算中的自变量，例如计算流速时土的渗透系数，计算沉降时土的压缩模量，计算承载力时土的抗剪强度等。这些数据测定时是指标，计算时是参数。

（9）问：测试和试验有什么不同？

答：测试是测定和试验的合称。

测定、试验、实验、化验、分析等，语义相近，稍有差别。但现在规范和标准中的这些术语大多是约定俗成，不一定都十分贴切，如土工试验、水分析、波速测试等。测定是获得某特征指标的方法，如颗粒相对密度、含水率、波速、水中各种离子含量等。试验是为了了解岩土的某项性能而进行的操作，所以试验不是只有一个指标，成果较为丰富，如固结试验、剪切试验、载荷试验等。试验和实验也有不同，实验是为了检验某种科学理论或假设而进行某种操作，有检验理论或假设的意思。所以土工试验不能称土工实验。原位测试的确既有测定，又有试验。波速测试其实只是某指标的测定。虽然有些

155

并不贴切，但宜继续沿用约定俗成，不要改了。

（10）问：岩土工程勘察已实施多年，为什么不用《岩土工程勘察通用规范》，而称《工程勘察通用规范》？

答：本规范通用于各行业，虽然建筑工程和各工业部门实施岩土工程勘察，但铁路、公路、水利水电等部门，仍实施工程地质勘察，为了让各行业都能接受，求同存异，用"工程勘察"比较合理。

这个问题是我国特殊的历史原因造成的，改革开放前，我国按苏联技术体制，一律称工程地质勘察。改革开放后，从欧美引进了岩土工程体制，在建筑工程和各工业部门推行，并制定了国标《岩土工程勘察规范》，这些部门的工程勘察都称岩土工程勘察。

工程地质勘察与岩土工程勘察有什么区别？得先搞清工程地质与岩土工程的关系。工程地质学是地质学的一个分支，是研究与工程建设有关地质问题的科学；岩土工程是土木工程的一个分支，即土木工程涉及岩石、土和地下水的部分，包括岩土作为工程承载体、工程荷载、工程材料、传导介质或环境介质等，包括勘察、设计、施工、检测和监测等。从事工程地质工作的是地质专家（地质师），从事岩土工程的是工程师。二者关系密切，但无论学科领域、工作内容、关心的问题，区别是明显的。不过，二者的勘察方法，其实没有明显不同。建筑工程和工业建设行业推行岩土工程体制时，以勘察为突破口，要求勘察报告做深入的工程分析和评价，成为与工程地质勘察区别的主要标志。本规范是跨行业的通用规范，不宜对工程分析评价的深度提出统一要求。亦即本规范具有兼容并包的特点，原先做工程地质勘察的仍可做工程地质勘察，原先做岩土工程勘察的仍可做岩土工程勘察。

22 《建筑与市政工程地基基础通用规范》审查意见

笔者参与了《建筑与市政工程地基基础通用规范》的审查，现将审查会前的书面意见和审查会上的口头意见，摘选其中的一部分，归纳整理如下。

（1）通用规范位于标准化体系的最高层次，是全文强制性规范，具有技术法规的职能，故宜粗不宜细。只规定不可逾越的底线，也不宜过严。因为所有其他标准的技术要求，都不得低于强制性标准。如果规定得过细、过严，其他标准就没有灵活的余地。要鼓励基层科技人员因地制宜、因工程制宜，鼓励采用新技术、新方法，鼓励使用推荐性国家标准、行业标准、地方标准，鼓励制订先进实用的团体标准和企业标准，使基层充满活力。让低层次标准、高层次标准各司其职，各得其所。

通用规范具有技术法规的职能，法规就像球场的边线和底线。界线里边的游戏规则由推荐性国家标准、行业标准、地方标准、团体标准、企业标准制订，球员们按游戏规则发挥，但不得超越通用规范的界限。列入通用规范，就意味着无条件强制执行。要像交通规则那样，只定规则，不管驾驶技术。

（2）术语"场地与地基勘察"的释义，建议改为：

为场地与地基工程建设而进行的地质勘察。

讨论：术语定义应反映其本质特性，原文为描述方式，不够精练。这里，"地质勘察"是大概念，其涵义包含了查明岩土的分布和性质、地下水的赋存和运动、地质作用和地质灾害等，"为场地与地基工程建设"是限制语，将地质勘察的内容限制在场地与地基工程建设的范围内。

（3）术语"特殊性岩土"的释义，建议改为：

具有特殊成分、结构、构造以及特殊物理力学性质的岩土。

讨论：修改后比较简练，反映了特殊性岩土的本质特性。

（4）"基本规定"中关于地下水的两条，建议改为：

2.1.9　建筑与市政工程建设和使用期间，当地下水位变化对工程可能产生不利影响等，应采取有效安全措施。

讨论：不强调分析判断，强调安全措施。本条内容包括抗浮，水位上升导致地基土软化，水位下降导致有效压力增加等问题，并在条文说明中做必要的交代。

2.1.10　地下水控制工程不得劣化水质，不得造成不同水质类别的地下水混融。

讨论：原文"类别上的变化"表述不确切，有临时性变化，有永久性变化；有局部变化，有大面积变化。"不得劣化""不得混融",要求更严格，也更明确。

（5）"基本规定"中增加两条：

2.1.11 对缺乏经验且有安全风险的特殊岩土和特殊地质条件，应专题论证，并进行同行专家评审。

2.1.12 对大挖大填的工程项目，应根据建设前后的变化，分析评价其对工程、地质的作用，对生态环境的影响，并进行项目可行性论证。

讨论：有些特殊性岩土缺乏经验，如珊瑚砂、礁灰岩，有些地质条件特殊而复杂，如中溶盐岩石发育喀斯特，风险很大，没有相应技术标准，需专题研究论证。

大挖大填显著改变地质条件，甚至形成新的地质体、新的地下水体，对工程、对环境可能产生显著影响。例如某工程因整平场地，改变了地表水的入渗条件，使地下水位上升，致地基承载力和变形不能满足要求。大挖大填的结果，既可能影响工程，也可能影响生态，问题复杂时需要进行专题研究。

（6）"场地和地基勘察"中，建议加一条：

3.0.1 建筑与市政工程的场地与地基勘察，应符合强制性国家标准《工程勘察通用规范》的规定。

理由：本规范不可能全面规定对勘察的要求，有了这条兜底，本规范可主要规定与建筑地基基础有关的问题。

（7）原文"地基勘察成果"建议改为"场地与地基勘察成果"；原文"各项岩土性质指标，岩土的强度参数、变形参数、地基承载力的建议值"，有些小工程不一定需要强度参数、变形参数，建议改为"各项岩土性质指标，设计需要的岩土强度参数、变形参数、地基承载力的建议值"；原文"可能影响工程稳定的不良地质作用的描述和对工程危害程度的评价""不良"意味着对工程可能有不利影响，不必重复，建议改为"不良地质作用及其对工程危害程度"；原文"场地稳定性和适宜性的评价"，地基也有稳定性和适宜性问题，建议改为"场地与地基稳定性和适宜性的评价"。

（8）不良地质作用和地质灾害是个大概念，内容非常多，难以一一列举。为避免缺漏，宜先从总体做一原则性规定，再分列几款。

建议改为：

3.0.2 当建设场地存在不良地质作用及地质灾害时，应查明其类型、成因、分布范围、发展趋势、对工程的危害程度，提出防治建议，并应符合下列要求：

1 当场地存在溶洞、土洞及其他地下洞穴时，应根据设计和施工要求，查明其分布，评价其稳定性；

2 当场地可能发生崩塌、滑坡、泥石流及其他岩土滑移性地质灾害时，应在查明形成条件的基础上，判定其发展趋势，评价对工程的影响，提出防治建议；

3 当场地或其附近存在全新活动断裂时，应查明其活动年代，评价对工程的影响，提出避让建议；

4 当场地位于采空区时，应在搜集开采时间、开采方式、采空范围、埋藏深度、上覆岩层厚度、地面沉陷观测资料的基础上进行勘察，分析发展趋势，判定采空区稳定性和工程建设的适宜性；

5 当建设场地下可能存在危险物品（如爆炸物）、可燃气体、有毒物质（包括气态、液态、固态）、有害物质（对健康、对工程、对生态有不利影响）时，应根据任务要求查明。

（9）特殊性岩土也是个大概念，内容非常多。为避免缺漏，宜先从总体上做一原则性规定，再分列几款规定重要内容，并突出重点，不能做到面面俱到。

（10）对基坑工程，建议增加一条坑壁整体稳定的验算，增加一条关于防止内支撑整体失稳和连续倒塌的规定。特别是多道均采用钢支撑的情况下，风险较大，如杭州湘湖地铁车站的严重事故。

（11）对基坑工程，原文虽有严禁超挖的规定，但不够突出。鉴于超挖发生的事故很多，建议专列一条。

施工组织设计中，应有出现异常情况时的应急预案。

（12）对膨胀土等特殊性土，不宜过于强调定量计算。一般土的计算，相对经验多一些，尚且算不准，膨胀土等特殊性土定量计算更难。

（13）对于桩基础，建议增加两条，一条是施工噪声不得超过环境允许的限值；另一条是严禁泥浆污染土和地下水。

（14）边坡极为多样，高低、大小、简单复杂差别很大。高边坡和复杂边坡的风险很大，地质条件和力学参数又难以查明，更多依靠专家经验。建议增加一条：

失稳后果严重或很严重的大型复杂边坡，设计前应进行专题论证，专家评审，并对大型复杂边坡的条件做出具体规定。

23　岩土工程标准化的历史性变革

　　新《中华人民共和国标准化法》的发布，工程勘察和地基基础两本通用规范的实施，象征着我国岩土界的标准化体制发生了历史性大变革。很多岩土工程师缺乏思想准备，因而有必要对标准化体制的改革做些介绍。全文分8节。第1节"工程标准化历程"，从标准化的沿革说明改革是历史发展的必然。第2节"两种标准化体制"，讲述改革前的标准化体制适用于计划经济，现在已经不适应；改革后的标准化体制适用于市场经济，有助于提高市场竞争力，促进新技术进步。第3节"可标准化与不可标准化"，从岩土工程专业特点出发，认为大量重复性的技术规则可以标准化，需由岩土工程师根据具体情况综合决策的技术不能标准化。第4节"国际视野"，强调要熟悉国际标准，与国际标准融合，并介绍了主要国家的标准化情况。第5节"政府主导，旨在保基本"，讲述强制性国家标准、推荐性国家标准、行业标准和地方标准。第6节"市场主导，旨在提高竞争力"，讲述团体标准和企业标准，重点讲团体标准的特点和市场运作。第7节"大变革带来的新问题"，指出主要问题，一是市场不健全，二是对规范的过分依赖。第8节"全行业参与，平稳过渡"，强调这次标准化改革涉及每个工程，每一位岩土工程技术人员，必须全行业参与，平稳过渡。

23.1 工程标准化历程

（1）引用苏联标准（1953—1964）

我国规模化的工程建设始于1953年开始的"一五"计划，那时基本上是一片空白，更没有标准和规范。在工程勘察方面，连土的名称都叫不上；在地基基础设计方面，完全依靠工程师的经验，譬如上海的"老八吨"（地基承载力80kPa）。后来请了苏联专家，带来了苏联规范。勘察方面苏联重工业部和苏联建设部各有一本《工程地质勘察规范》，两本大同小异，各勘察单位分别按这两本规范执行。对我国影响最大的是《天然地基设计规范》（НиТу 6-48），1954年12月，当时的建筑工程部将翻译本改称《天然地基设计暂行规范》（规结7-54），内部发行。虽然名义上是中国的暂行规范，但实际上与НиТу 6-48完全一样。

苏联于1955年发布了《房屋与工业结构物天然地基设计标准与技术规范》（НиТу 127-55），对НиТу 6-48进行了修订。国家建设委员会于1956年12月建议推广使用，但不作为我国的正式规范，应结合我国具体情况执行，不适合我国情况的由各单位自行研究处理。1962年，苏联对НиТу 127-55进行修订，发布了《建筑法规》，其中第二卷第二篇第一章为《房屋及构筑物地基设计标准》（CHиΠ Ⅱ～ Б.1～62）。对这本规范，我国主管部门未做任何表示，对我国的影响也较小。由于政府主管部门没有要求，所以有的单位用 CHиΠ Ⅱ～ Б.1～62，有的单位仍用 HиTy 127-55。

采用苏联规范虽然已经过去半个世纪了，但对我国的影响至今还在，有正面，也有负面，非常深刻。从体制上讲，标准和规范都是强制性，没有推荐性。苏联专家说，规范就是法律。当然这是在苏联，我国政府还是清醒的，不要求严格遵守苏联规范，但不用苏联规范没有别的规范可用。从技术角度分析，苏联规范的影响大致有以下方面：一是重视土的分类，用土的物理性质确定地基承载力；二是地基承载力的深宽修正；三是按变形控制设计；四是不用理论方法计算基础沉降与时间关系，用经验估计。

（2）开始采用本国标准（1964—1988）

很快发现，把苏联的经验直接搬到中国来应用，问题很多。依靠外国规范是不行的，必须根据中国国情，总结中国经验，编制中国自己的规范。20 世纪 60 年代初开始，一些力量较强的勘察设计单位，在主管部门的支持下，开始编制自己的规范。由于"文革"动乱，编制工作到 20 世纪 70 年代中期才陆续完成。

1974 年，我国第一部自己编制的地基基础设计规范发布，即《工业与民用建筑地基基础设计规范》（TJ 7-74，试行）。该规范由中国建筑科学研究院（黄熙龄）主编，由国家基本建设委员会批准发布。编制时虽有苏联规范参考，但强调了必须从我国的经济技术条件和我国的实际地质条件出发，全面总结了我国自己的经验。该规范制定了承载力表；突出了山区地基和软弱地基；专设基础设计一章。后来虽然多次修订，但基本精神和基本框架一直没有改变。

1977年，《工业与民用建筑工程地质勘察规范》（TJ 21-77，试行）发布，主编单位是河北省革命委员会基本建设委员会，由国家基本建设委员会批准发布。似乎很奇怪，怎么政府部门成了主编单位。这是因为"文革"期间原建工部综合勘察院迁到山西，后脱离了山西，改称华北勘察院，隶属于河北省，这是特殊历史时期的产物。主编王锺琦编制时，在全国重要地区、重点勘察单位进行调查研究，征求意见，多次修改。

那时，我国虽然有了自己的标准和规范，但并未形成体系，更没有法律依据，实质都是部门规范，由中央部委批准发布，不分强制性、推荐性。但受苏联影响，在科技人员的心目中，规范都必须遵守。到了1979年7月，国务院颁布了《标准化管理条例》，规定标准一经批准发布，即是技术法规。这种单一的强制性标准体制，与当时的计划经济模式是相适应的，也符合当时工程技术人员的心理状态。

（3）形成本国标准化体制（1989—2000）

1988 年 12 月，《中华人民共和国标准化法》发布，我国标准化工作开始有了法律依据。根据 1988 年的《标准化法》，我国的技术标准分为 4 级 2 类，4 级为国家标准、行业标准、地方标准和企业标准；2 类为强制性标准和推荐性标准。但是，这些年来制订和修订的技术标准中，大部分为强制性标准。但所谓"强制性标准"，其实并不是每一条每一款都必须严格执行，而是有不同的严格程度，用"必须""严禁""应""不应""宜""不宜""可"表示。所谓"强制性标准"实际上并非全文强制，而是强制性和非强制性混合的标准。

与此同时，工程建设方面的标准化工作迅速发展，由 1980 年前的 180 余项，发展到 2001 年底的 3600 多项，增长近 20 倍。建设部主管部门于 1993 年开始编制工程建设的标准化体系，其中的《城乡规划、城镇建设、房屋建筑部分》将技术标准分为基础标准、通用标准和专用标准。后因实施《强制性条文》又列了综合标准。

在此期间，地基规范和勘察规范都进行了修订。《工业与民用建筑地基基础设计规范》改称《建筑地基基础设计规范》，《工业与民用建筑工程地质勘察规范》改称《岩土工程勘察规范》，都是国家标准、强制性标准、通用标准。

（4）《强制性条文》过渡（2000—2018）

20 世纪 90 年代，我国启动申请参加世界贸易组织（WTO）的谈判。由于国际上市场经济国家通行的是技术法规和技术标准相结合的体制，前者强制执行，后者由市场自主选用。据说，谈判时对方提出了这个问题，中方答复，我国有强制性和推荐性两种技术标准。对方认为，你们的强制性技术标准太多，而且不是每一条每一款都强制执行，政府无法监管，不符合市场经济规则。为了参加 WTO，与市场经济国家对接，只得从强制性标准中摘录出《强制性条文》，于 2000 年首次发布，作为技术法规的临时性替代文件，必须严格执行。

但是，《强制性条文》只能作为临时性措施过渡，其缺陷是明显的。《强制性条文》是从强制性标准中摘录出来的部分条款，是不系统、不连贯的"语录式"文件，既难以全面覆盖，又可能交叉重复。由于从各本规范中摘录，执行者不易领会原规范的总体精神，容易出现断章取义的弊端。

这一时期，我国工程建设技术标准的问题确实不少，除了《强制性条文》问题外，强制性标准的数量太多，标准之间交叉、重复、矛盾很多，修订周期长，难以做到及时更新和动态维护，已经不能适应社会主义市场经济发展的要求。都急切期待技术法规早日出台，结束《强制性条文》的过渡。但由于《标准化法》是法律文件，需全国人民代表大会常委会审议，以致等了整整18年。

（5）新《中华人民共和国标准化法》实施（2018—）

2015年2月11日国务院常务会议决定，在现有法律框架下深化标准化改革，克服现行标准化体系的不足，加速推进与国际市场经济标准化模式的衔接。同年3月11日，国务院印发《深化标准化工作改革方案》（国发〔2015〕13号），决定深化标准化改革，完善标准化管理，着力改变目前标准管理"软"、标准体系"乱"和标准水平"低"的问题。2017年11月4日，第十二届全国人民代表大会常务委员会通过了《中华人民共和国标准化法》，自2018年1月1日开始实施。

按新的《中华人民共和国标准化法》，可分为两大块，第一块由政府主导，侧重于保基本。包括两部分：一是强制性国家标准，全文强制，功能相当于国际上的技术法规；二是推荐性国家标准、推荐性行业标准和推荐性地方标准，所有推荐性标准均不设强制性条款。第二块是市场为主导，侧重于提高竞争力，包括团体标准和企业标准。今后将放管结合，政府管制与市场竞争相结合。政府严把底线，管得少，管得严。激发市场主体活力，鼓励团体、企业自主制定标准。要放开国际视野，与国际标准、国际商业规则对接。

不久前，强制性国家标准《建筑与市政地基基础通用规范》GB 55003—2021批准发布，自2022年1月1

日起实施。强制性国家标准《工程勘察通用规范》GB 55017—2021批准发布，自2022年4月1日起实施。两本均为强制性工程建设规范，全部条文必须执行，现行工程建设标准相关强制性条文同时废止。

从此，岩土工程标准化进入了适应市场经济的新时代。

23.2　两种标准化体制

（1）适用于计划经济的标准化体制

20世纪80年代之前，我国实行的是计划经济。所有的工业、交通和工程建设，都由国家统一收支，统一安排，按统一的计划操作。企业和事业单位好像是国家大工厂里的一个车间，一切听从上面的指令，没有自主权，也没有自己的利益。计划经济社会里的工程建设，没有市场，没有自主采用标准的权力，基层也没有活力。

国家为了管好全国的工业、交通和工程建设，就要把全国划成条条块块，制订各种法律、法规，以及强制性技术规范（或标准），要求基层严格遵守，以维持经济工作的正常秩序。所谓条条，就是中央部委，所谓块块，就是各省、自治区、直辖市。由于没有市场，基层没有自身的经济利益，因而只需遵守既定的法律、法规、规范、标准和上级的指令，没有任何其他的选择。

20世纪80年代改革开放，商品经济渐趋活跃，提出了计划经济为主，市场经济为辅的概念，因而在1988

年实施的《中华人民共和国标准化法》中，规定强制性和推荐性两类技术标准。到了20世纪90年代，我国开始实行社会主义市场经济，并申请加入世界贸易组织（WTO），这部《中华人民共和国标准化法》显得不适应了，只得用《强制性条文》过渡，直到2018年新《中华人民共和国标准化法》实施，才跟上了社会主义市场经济的新时代。

在工程建设领域，情况有些特殊。一是虽然投资多元化，但国家投资仍占主要地位。二是勘察设计不是商品，是一种技术服务。我国的市场经济尚在继续发育，而技术服务这一块发育得比较迟缓。社会主义市场经济下，技术服务应采用怎样的模式，至今还看不清楚。由于宣传工作不够，基层的思想观念未能及时跟上，《强制性条文》过渡了18年，很多人还不知道它的真正意义，一切按规范操作，高度依赖规范的思维模式始终没有改变。

（2）适用于市场经济的标准化体制

国际上市场经济有不同的模式，但有其共同特点：一是资源配置市场化，不以行政命令或其他方式配置资源；二是经济主体的权、责、利界定明确，其经济行为均受相关法律保障和市场竞争规则制约，均有明确的收益与风险意识；三是经济运行的基础是市场竞争，政府以法治手段为其创造适宜的环境，保证竞争的有效性和公正性；四是实行必要的、有效的宏观调控，以保证市场的稳定；五是经济关系的国际化，WTO 即应运而生。

因此，在市场经济社会里，企业是利益竞争的实体，政府为市场竞争制定公平竞争的规则，并划出不可逾越的底线，没有很多具体的强制执行的技术要求和技术方法。这些技术要求和技术方法由社会团体制订和发布，由市场自主选用。国际上市场经济国家，都有一套技术控制体系，经多年发展，已趋向于基本一致，即WTO/TBT 协议规定的技术法规与技术标准相结合的模式（Technical regulation & Technical standard）。技术法规强制执行，技术标准由市场自主选用，用合同约束，两者构成相互联系、相互协调配套。技术法规一般包括管理和技术两方面的内容，具有较高的稳定性，修订和批准的程序也比较严格，我国现在的全文强制国家标准实质就是技术法规。技术标准一般由政府授权的组织制定和发布，内容涉及技术要求，实施途径和方法，随技术发展而及时修订，有很大的灵活性。技术标准中的部分条款如被技术法规引用，则成为强制性条款。

标准化体制与各国的国情密切相关，包括政治经济制度、社会文化传统、科技发展水平、标准化历史过程等。美国、英国、德国、俄罗斯等国际上的几个主要国家，标准化体制的差别相当大，我国也必须从实际出发，根据国情走自己的路。

（3）市场经济中的技术服务

市场经济主要是商品经济，企业以产品在市场上交换和竞争，新《中华人民共和国标准化法》针对的也主要是产品。但勘察设计不同于一般产品，是一种技术服务。勘察报告、咨询报告、设计图纸提供的都是技术服务，经济分类中属于服务业。技术服务市场与商品市场有不同的特点，一是追求高质量和高水平，这种高质量和高水平不能用简单的指标衡量，而是社会声誉，类似于医生和律师。二是成本主要不是原材料费用、加工费、运输费等，而是科技人员的劳动报酬（国外钻探公司是独立企业，与施工企业类似）。三是存在一定的技术风险。因此，成熟的市场经济国家有一套技术服务行业的模式，例如：美国的岩土工程师，大多在咨询公司服务，按为项目工作的小时数收费。政府不管经济纠纷，一般经济纠纷由仲裁机构仲裁，不服仲裁则诉诸法庭。有健全的服务保险，工程失误损失由保险公司理赔。技术服务业没有招投标，因为技术服务看重的是岩土工程师及其所在单位的社会声誉。简单的工程找一般注册师，复杂工程、大工程找著名注册师，和小病找小医院，大病找大医院的道理类似。

23.3 可标准化和不可标准化

1）两类技术工作

大家都知道，药品有严格的标准，但治疗却没有标准。原因就是治疗涉及的因素太多，只能根据医生的综合判断，开出处方，而不能制定统一的标准。岩土工程类似，有些技术工作可以标准化，有些技术工作难以标准化。

（1）第一类，可标准化

大量重复性的技术规则，可以制订标准，或者说是可以标准化的。如常用的术语、符号、图形、计量单位、基本分类、钻探、取样、室内试验、原位测试、计算方法、施工方法、现场检测、工程监测等。术语、符号、图形、计量单位、基本分类等，有了统一的标准，学术界、工程界才能有共同的语言；钻探、取样、测试、检测、监测，有了统一的标准，才能保证质量，成果才有可比性；计算方法、施工方法虽然随工程而异，但常用的方法还是可以标准化的。

对这类问题，岩土工程师和岩土工程主管部门，认识都很一致，没有听到过什么不同意见。这类技术工作的特点是，执行者只要严格按照标准操作，不必承担决策风险，不必做推理和判断，也不存在探索、创新之类的问题。选择采用何种标准是岩土工程师的事，不是操作者的事。

（2）第二类，不可标准化

由于岩土工程充满着各种各样的不确定性，有些技术工作难以制订统一的技术标准，需由岩土工程师根据具体情况综合判断，因地制宜，因工程制宜，综合决策，这类技术工作就不能标准化。例如勘探点如何布置，做哪些测试项目，对勘察成果如何评价，选取什么计算模式和计算参数，采用什么设计方案，做哪些检验和监测，以及地质灾害的评估、工程事故的诊断和处理等。由于岩土工程条件千差万别，不同条件有不同的处理方法，统一规定往往顾此失彼，即使顾及了多数情况，难免仍有少数例外。

2）旧标准化体制的问题

标准化改革以前，由于历史的原因，绝大部分为强制性标准，而且越订越细，越订越多。将规范视为工程经验的总结，经编制组专家们的筛选、论证、总结而形成的规范，是专家集体智慧的结晶，是一笔极为宝贵的财富。依靠这些规范建成了那么多工程，规范功不可没。但是，把很多不宜标准化的技术问题纳入了规范，开了很多工程处方。如钻探点应如何布置，深度多少，取多少土样，做哪些试验，用什么分析方法，什么情况做天然地基，什么情况做桩基，什么情况做地基处理，用什么方法处理，承载力怎样计算，变形怎样计算，基坑支护怎样计算，用什么方法支护，怎样降低水位，怎样截断地下水等，都做了具体而详尽的规定。

我国国土辽阔，地质条件复杂，如果一定要按统一标准执行，必然将复杂问题简单化。规范只能规定带有普遍性的问题,而岩土工程的个性非常强,情况千差万别,很多问题本该由工程师酌情处置,规范是绝对包不住的。况且,规范只能成熟一条订一条,这就严重影响新技术、新方法的应用。

过度依赖规范造成两个弊端。一是勘察本是一项探索性工作,由不知到知,由知之不多到知之更多;设计本是一项创新性工作,严格说,没有创新算不上真正的设计。如果一切必须严格按照现成的规范条文操作,哪能发挥工程师的探索精神和创造精神?二是严重影响工程师的主动性和进取心,可以不钻研理论,可以不积累经验,只需照搬规范,就可以高枕无忧,出了问题也用不着担责,既省事,又不承担风险。久而久之,甚至连基本概念也荒废了,水平每况愈下。有人说,中国的岩土工程师好当,有的地方高中生也可以出报告,因而社会地位不高。只有疑难杂症才需有经验的专家,受人尊敬。一针见血,道出了过分依赖规范的恶果。一句话,既不利出成果,又不利出人才,这样的模式是不可持续的。

3)大改革带来大变化

这次标准化改革,是从计划经济标准化体制向市场经济标准化体制的大转变,是革命性的大改革,必然会给岩土工程界带来历史性大变化。

我国建设行业的标准化体制,几十年来一直是强制性规范占主导地位。一切服从规范,岩土工程师是规范的随从；今后，除了少数强制性规范外，用什么标准由工程师与业主选定，权力大大拓展，可以充分施展自己的聪明才智，成为标准的主人。无论思维模式和行为准则，都将发生大变化，要勇于决策，敢于担当，迎接机遇，迎接挑战。随着岩土工程师精神面貌的变化，岩土工程行业也会迎来竞争、创新、生机勃勃的新格局，由岩土工程大国走上岩土工程强国。

笔者觉得，今后岩土工程的技术工作约束，可以分为三个层次：第一层次是涉及工程质量、人身安全、健康、环境等公众利益、长远利益、十分重要的问题，用强制性国家标准约束，是刚性约束。第二层次是可以标准化的技术工作，推荐性国家标准、行业标准、地方标准、团体标准，在市场上用合同约束，是一种弹性约束。第三层次是工程师自行处置，自负责任，依靠诚信、敬业、社会责任感、处理工程问题能力。良性竞争，是一种柔性约束。

23.4 国际视野

首先声明，我退休已经28年了，所了解的国外标准化情况，是30年前的老黄历。现已时过境迁，只是为了说明标准化问题，顺便提一提而已。

1）国际标准问题

现在，我国的岩土工程已经进入了国内、国际两个市场新阶段，要求我们必须具有国际视野。世界各国采用的技术标准各不相同，从岩土分类到土工试验，从设计原则到设计细节，从计算参数到计算方法，与我国的标准都有差别。我们不仅要熟悉本国的规范和标准，还要熟悉国际上常用的各种规范和标准，才能应对各种情况，才便于和外国岩土工程师交流。

常有人说国际标准，其实，岩土工程并不存在国际通用标准，只能说常用标准，即多数国家采用的标准。岩土工程的确有个国际标准化组织（ISO），但由于美国、俄罗斯等一些有重要影响的国家没有参加，大大削弱了它的权威性。中国虽然是国际标准化组织的成员，但从来不用它的标准，很多岩土工程师根本不知道有这个标准。我们更不应把美国的标准当国际标准，譬如土的工程分类，美国 ASTM 的分类法，国际上的确用得最多，便将该分类法的框架拿来，适当改造后作为中国标准，认为与国际标准接轨了，就是将美国标准作为国际标准的一个例子。

2）美国标准

美国是联邦制国家，各州有自己的法律，在工程建设领域，联邦政府在法制方面的约束力不大。美国又是高度市场化国家，技术标准均由权威的民间组织制订发布。在岩土工程方面，对美国乃至全球影响最大的是美国材料试验协会制订和发布的 ASTM，相当于我国的团体标准。ASTM 的标准数量巨大，数以万计，中国也有他的服务机构。

ASTM 标准的编号方法可举例说明。例如"ASTM D423-66（2000）土的液限标准试验方法"，其中 D 表示分类代号，423 表示标准编号，66（2000）表示制订和修订年份，接下来是标准名称。分类代号 A 表示黑色金属，B 表示有色金属，C 表示水泥、陶瓷、砖石、混凝土，D 表示其他材料，E 表示杂类，F 表示特殊用途材料，G 表示材料的腐蚀、变质和降级。岩土工程标准全部在 D 类。

实际上，ASTM 已大大超出了材料试验的范围，诸如土的分类，岩土术语，钻探、取样等均有相应的标准。每年发布一次，有的更新很快，有的多年不变。ASTM 非常细，如土工试验标准，同一个指标不同的试验方法，甚至只是一个试验步骤，如样品制备，都是独立的标准，更新非常方便。

除了美国材料试验协会外，美国农业部、美国各州公路工作者协会、美国联邦航空局、美国陆军工程兵部队等都有标准。

3）英国标准

英国的技术法规和技术标准体系相当完整、科学而严密，层次合理，国际影响较大，尤其是英联邦国家。英国对技术法规和技术标准控制较严，与美国有所不同，分 4 个层次：

（1）法律（Act）：如《建筑法》《住宅法》等，需经议会两院通过，强制执行，是最高层次。

（2）法规（Regulation）：如《英国建筑法规》，由政府起草，国会备案，国务大臣批准发布，强制执行。主要规定必须达到的功能，如结构安全、防火、通风、卫生等，对地基的变形和稳定有原则性的要求。

（3）技术准则（Guidance）：是法规的延伸，如何具体执行法规。由政府组织专家起草，政府发布。一般应执行，但如有先进方法，可确保建筑功能，也可不执行。英国建筑技术准则共有13册。

（4）标准（Standard）：是实施技术准则更具体的规定，英国标准（BS）由英国标准化学会组织制订、批准和发布，自主采用或合同规定采用。英国建筑方面的标准约有1500册。

由上可知，从高层次到低层次，内容逐渐具体，国家的控制逐渐放松，执行的自由度逐渐增大，强制性和非强制性划分很明确。高层次的法律、法规很稳定，很少修改；低层次的标准则修订频繁，以保持其先进性。除BS外，英国的一些大型学会、团体，也制订专业性技术标准，有的为推荐性，有的要求会员遵守。

4）俄罗斯标准

苏联解体后，俄罗斯在技术标准体系方面，基本沿用苏联的模式，并有亚美尼亚、哈萨克斯坦、吉尔吉斯斯坦、塔吉克斯坦、乌兹别克斯坦参与,成为几个国家的共同标准。其中,建筑业标准主要有两大体系:СНиП和ГОСТ,俄罗斯建设部通过决议,作为国家标准,未经其允许,不得被全部或部分复制印刷和传播。

СНиП是综合性、通用性强的规范,ГОСТ是针对某一专门技术制订的标准,相当于我国的专用标准。

5)欧洲标准和国际标准化组织标准(ISO)

在世界经济一体化过程中,人们自然想到建立跨国标准或国际标准,于是产生了欧洲标准和国际标准化组织(ISO)。但工作进行过程中发现,工程建设标准与产品标准不同,尤其是岩土工程标准化,困难很大。不仅有政治经济条件的差别,还有自然条件的差异和工程经验的差异。欧洲规范第7卷是地基基础规范,虽然经历了几个版本,有过激烈争论,发布了标准。但实际上,欧洲各国仍用本国标准,欧洲规范的权威性并不高。

欧洲地基基础规范(EUROCODE 7)20世纪80年代末的版本分10章,依次为:(1)引言;(2)设计原理;(3)岩土工程类别;(4)岩土工程资料;(5)填土、降水和地基处理;(6)扩展式基础;(7)桩基础;(8)支护结构;(9)堤和边坡;(10)施工监理、监测和建筑物维护。

国际标准化组织(ISO)组织严密,办事程序严格,积极成员国有投票权,我国是积极成员国,高大钊教授曾代表中国参加会议。ISO下面设置岩土工程技术委员会（ISO/TC182），成立于1982年，并开始编写和讨论。ISO/TC182秘书处设在荷兰，当时有15个积极成员国和29个观察员。下设三个分委员会，SC1编制岩土分类标准，秘书处在德国工业标准研究所；SC2编制岩土室内外试验标准，秘书处在印度建筑中心研究所；SC3编制基础、土工构筑物和挡土结构标准，秘书处在荷兰Delft土工研究所。三个委员会分别活动，经多年努力，编写和讨论了多个版本，可见困难之大。

由于美国、俄罗斯等一些有重要影响的国家没有参加，大大削弱了国际标准化组织的权威性。我在20世纪后期还比较关心ISO工作的进展，21世纪初开始就不关注了。

从以上介绍可以看出，国际上几个主要国家的标准体系存在很大差别。美国标准体系比较分散，岩土工程师可选的空间很大，这和美国市场经济高度发达的背景有关。英国分法律、法规、技术准则、标准4个层次，从高层次到低层次，内容逐渐具体，国家的控制逐渐放松，执行的自由度逐渐增大，强制性和非强制性划分明确。俄罗斯标准体系明确，非常稳定，但计划经济色彩较重，有些标准值得借鉴。因此，标准化绝不是一个单纯的科技问题，而是与各国的国情有关，包括国家的政治经济制度、社会文化和习惯、科技发展水平、标准化的历史等。技术标准的国际化是各国工程界追求的目标，但难度很大，一时还看不到明显前景。

23.5 政府主导，旨在保基本

新的标准化体制中，强制性国家标准、推荐性国家标准、推荐性行业标准、推荐性地方标准，都是政府主导。

1）强制性国家标准

《中华人民共和国标准化法》第十条规定，"对保障人身健康和生命财产安全、国家安全、生态环境安全以及满足经济社会管理基本需要的技术要求，应当制定强制性国家标准"。住房和城乡建设部的文件规定，"强制性标准是保障人民生命财产安全、人身健康、工程安全、生态环境安全、公众权益和公共利益，以及促进能源资源节约利用、满足社会经济管理等方面的控制性底线要求。强制性标准项目名称统称为技术规范"，并规定，"加快制定全文强制性标准，逐步用全文强制性标准取代现行标准中分散的强制性条文"。强制性标准"可以引用推荐性标准和团体标准中的相关规定，被引用内容作为强制性标准的组成部分，具有强制效力"。

政府主导的强制性国家标准位于标准化体系的最顶层，其他标准都不得与其抵触，相当于国际上的技术法规。今后只有强制性国家标准是法定强制，其他标准一律不设强制性条文。

显而易见，强制性国家标准一定要编好，要划准不可逾越的底线，要符合我国国情，符合专业特点，也要为其他标准的制订打好基础和留出空间。

强制性国家标准统称技术规范，分为工程项目类和通用技术类。工程项目类是按工程项目设置的强制性标准，通用技术类是按专业设置的强制性标准。岩土工程方面的强制性国家标准属于后一类，《建筑和市政地基基础通用规范》和《工程勘察通用规范》都是通用技术类。

编制强制性国家标准（通用规范）为岩土工程师划出不可逾越的底线，这是一件牵涉每个工程，每个工程师的大事。已经发布的这两本通用规范，据说有些基层人士不太认可，有些专家也有不同意见，这其实很自然。一是由于标准化改革的宣传做得不够，很多岩土工程师对新的标准化体制还不了解。二是这条底线过去从来没有划过，完全没有经验，应该划在哪里，各人有各人的看法。况且，我国习惯于一切按强制性规范操作，现在只剩下了底线，留出那么大的自由操作空间，觉得太突然，所以争议是难免的。

个人认为，全文强制国家标准，虽然内容基本是技术，并由技术专家编写，但实质是技术法规，是技术问题，更是政策问题。所谓划底线，实质是划市场操作的底线，市场竞争、岩土工程师自由发挥的空间，不能超越这条底线。因而底线划在哪里，与市场管理和市场的成熟程度有关。我国经济和社会的发展很不平衡，注册岩土师在全国的分布也很不平衡，这些问题是必须考虑的。

2）推荐性国家标准、行业标准和地方标准

推荐性国家标准、行业标准和地方标准，虽然不强制执行，但都是政府主导，有很高的权威。但现在数量太多，应系统梳理和适度精简，逐步向政府职责范围内的公益类标准过渡，重点是制定基础性、通用性和重大影响的专用标准，突出公共服务的基本要求。其中，推荐性国家标准适用于全国；推荐性行业标准适用于本行业，突出行业的特点；推荐性地方标准适用于本地方，突出地域特点。将一般性技术标准纳入团体标准，放到市场，这是一件非常繁重的任务。

下面谈些个人想法。

术语、符号、图形、模数、基本分类等都是基础性标准，要求稳定，随科技进步的变化不大，与市场竞争力也没有什么关系，故不宜作为团体标准，而更适宜于推荐性国家标准、行业标准或地方标准。由于政府主导，有权威，便于推广，但并不强制。

有一些影响很大、原来是强制性的通用性规范，如《岩土工程勘察规范》《建筑地基基础设计规范》《建筑桩基技术规范》《基坑工程技术规范》等，已经有几十年历史，蕴涵着丰富的经验，是一笔十分珍贵的财富，不能轻易抛弃。可适当改编，作为推荐性国家标准或行业标准。

过去实际操作时，国家标准和行业标准的界限不清楚，行政部门色彩很重。今后怎样划分行业，相信主管部门会有明确的规定。矿山的岩土工程问题应当是冶金有色行业，电力线路的岩土工程问题应当是电力行业，石油天然气管道的岩土工程问题应当是石油天然气行业等，也的确有自己行业的特色。

地方标准要有地域性特色，本来是容易理解的。如西北、华北的黄土，西北的盐渍土，高纬度和青藏高原的多年冻土，西南的喀斯特和红黏土，沿海的软土等。但过去个别地方规范的地域性特色不明显，现在这个问题不存在了，因为除了强制性国家标准外，都可以由市场自主选用。

23.6　市场主导，旨在提高竞争力

新的标准化体制中，团体标准和企业标准为市场主导，旨在提高竞争力。

1）团体标准的基本概念

简单地说，团体标准是由团体自主制定、发布，并由社会自愿采用的标准。制定团体标准的主体，是有能力的学会、协会、商会、联合会等社会组织和产业技术联盟。团体标准的管理，不设行政许可，由社会组织自主制定发布，通过市场竞争优胜劣汰。国家进行必要的规范、引导和监督。并支持专利融入团体标准，推动技术进步。

个人觉得，现有的一些专用标准，如各种勘探测试方法标准、各种地基处理方法标准、各种桩基施工方法标准、各种检测和监测方法标准等，今后均可列为团体标准。勘探、测试、检测、监测、施工方法等，内容极为丰富，标准项目很多，创新空间巨大，一定要放开。团体标准自由灵活，更新速度快，适应技术进步和发展的要求。只要不与强制性标准抵触，均可制订。

2）团体标准的特点

个人认为可以归纳为以下几点：一是非强制性，由市场自主选用。也就是岩土工程实践中用还是不用，由业主、勘察、设计、施工单位、岩土工程师自己决定。二是民间性质，立项、编写、批准、发布都是民间团体，不是政府。政府只是鼓励、引导、指导和监督。好像多种经济中的民营企业，多种多样，更新很快，十分灵活。三是利于创新，各种新发明、新技术、新工艺、新仪器，一旦成熟，即可制订团体标准，推广应用，效率远远高于政府主导的标准，有利于新技术推广和专利保护。四是不得违反国家的法律、法规，不得低于强制性国家标准的底线，从具体技术层面防范市场风险。五是在市场竞争中优胜劣汰，好的标准被广为采用，成为行业中明星，差的标准无人问津，逐渐淘汰，使标准的水平和质量不断提高。

标准化改革前，岩土工程师常为同一问题不同规范不同规定而烦恼。都是政府主导制订的规范，按哪本执行？虽然标准管理部门一再强调，标准之间要做好协调，不要重复，更不要矛盾，但重复和矛盾总是难免。团体标准重复肯定不少，但不要紧，岩土工程师可以自主选择。如美国的土分类和土工试验原有多种标准，但市场多用ASTM，其他标准就自然弃用了。

3）团体标准的市场运作

团体标准是件新鲜事物，怎样在市场上运作，还没有经验，会有个积累经验，逐渐成熟的过程。

根据国际经验，可采用通过合同进行约束，落实责任。住房和城乡建设部《关于培育和发展团体标准的意见》中指出："应坚持市场主导，政府引导"。团体标准被"建设单位、设计单位、施工单位协商订入合同，即为工程建设依据，必须严格执行"。并有意将大多数现有的推荐性国家标准和行业标准逐步改造为团体标准。这就是说，市场机制是通过合同实现的，无论哪本标准，一旦纳入合同，就必须执行，违反标准就是违反合同，就可能被追究。也就是说，强制性国家标准是国家法定手段约束，团体标准等非强制性标准是市场手段约束。法定约束是刚性约束，市场约束是弹性约束。新标准化体制是法定约束与市场约束相结合。

譬如某项工程勘察任务，钻探拟用哪本标准、取样拟用哪本标准、土工试验拟用哪本标准、水分析拟用哪本标准、标准贯入试验拟用哪本标准、静力触探拟用哪本标准、载荷试验拟用哪本标准等，都在甲乙双方的合同中列出，那么这些标准在该工程的勘察中必须执行，否则可能被追究，这就是合同约束，市场约束。现在的勘察报告，不管是否执行，列了一大堆标准规范，其实没有多大意义。今后报告中列的是合同约定的标准，本工程应遵守的标准。

4）权力和责任的平衡

标准化改革前，各项技术工作都要按照规范执行，现在只规定了不得逾越的底线，项目负责人的自主权扩大了。但是，权力和责任是平衡的，不能只有权力，不承担责任。今后，工程师一方面对技术问题的处置有很大的权力，只要遵守法律、法规，遵守合同，不超越强制性规范的底线，就可以自主发挥，不受太多的条条框框约束；另一方面，又要承担很大的责任，必须小心谨慎，不能轻举妄动。这种模式，既能保证工程的先进性、安全性和经济性，又能使工程师在竞争中不断提高自己的能力。

5）关于企业标准

企业标准是企业根据需要自主制定、发布、实施的标准，政府有关部门鼓励、指导和监督，落实企业标准化主体责任，使其具有更强的竞争力。

对于岩土工程，企业标准主要有以下几种：

（1）没有国家标准、行业标准和地方标准的产品、方法；

（2）严于国家标准、行业标准或地方标准的产品、方法；

（3）新产品、新工艺、新方法；

（4）生产、经营活动中的管理标准和工作标准。

由此可见，企业标准有利于促进企业的技术进步，有利于提高市场竞争力，有利于保证和提高工程质量，有利于推广科技成果，有利于改善经营管理，有利于增加社会经济效益，有利于生态环境保护，有利于行业的进步和发展。目前岩土工程企业做得还很不够，应大力提倡，建议有关行业协会大力推动。

23.7　大变革带来的新问题

这次标准化改革是体制性的大变革，标志着彻底抛弃落后的不适应市场经济的旧体制，迎来先进的适应市场经济的新体制，为岩土工程的发展带来历史性机遇。岩土工程师可以甩开束缚手脚的条条框框，发挥自己的聪明才智，在市场竞争中大显身手，促进行业的技术进步。但是，大改革既带来了机遇，也带来了挑战，有这样几个重大问题要研究解决。

1）混乱的市场如何整顿，如何管理？

现在的勘察设计市场，种种乱象充斥招投标、勘察、设计、施工、监测、监理市场，竞争不靠技术靠低价，不靠效率靠造假。恶性竞争严重摧残技术进步，严重摧残人才。今后还要放开，不再有那么多强制性规范限制，市场会不会更乱？因此，为了推进标准化改革，必先整顿市场，形成一个有序的、良性的、靠技术、靠效率取胜的市场环境。虽然市场管理是政府的事，但业内人士也要积极配合，积极支持，并根据标准化改革带来的新问题，提出新思路。对工程的监管，现在已有足够先进的手段，从招标、投标、勘察、设计、施工、检测、监测、监理，到工程的全寿命过程，均可留下真实的记录。只要业界大力提倡，政府主管部门下定决心，伪劣工程及其作祟者，定无藏身之地。

2）权利和责任要平衡，责任如何界定？

在市场经济社会，责权利必须明确界定。如果经济行为主体的责权利不明确，那就很难真正成为自主的市场竞争主体。新的标准化体制实施后，岩土工程师的权力扩大了，责任也要扩大，如何界定？

我国长期习惯于技术文件上很多人签字，项目负责人、审核人、总工程师，有的单位还要多，出了问题谁负责？大家负责。在成熟的市场经济国家，重大技术问题由项目负责人决策并负责，没有层层审查把关，责任很明确。我国重要工程常开专家评审会，项目负责人按评审会决策处置，出了问题谁负责？国外常举行听证会，专家自由发表意见，拿主意负责任的还是项目负责人。按理说，工程项目应该由注册工程师负责，但现在的注册签章制度似乎并未完全体现出来。注册师的签章放在单位，不是个人专用。个别注册师甚至虽已在相关文件上签字盖章，但对文件内容一无所知。此外，有的项目政府介入过多，硬性设定工程限期，强制技术处置方案，岩土工程师的职权受到限制，使责任更难界定。这些问题都要认真探讨。

3）技术服务市场采用何种模式？

欧美国家的模式，复杂的岩土工程问题，主要由咨询公司承担。工程发生了纠纷，由仲裁机构解决，或诉诸司法部门。工程受到了损失，除部分由项目责任人负担外，主要由保险公司理赔。这些外国行之有效的模式，有外国的社会经济背景，拿到中国来简单复制，往往行不通，或者走了样。这个问题远比技术问题复杂，一定要与整个社会政治经济体制的改革协调，放在市场经济转型和依法治国的大背景中考察，希望有志者继续探索。要有利于技术进步，形成凭质量、凭水平、凭效率竞争，有序、良性竞争的市场。

4）摆脱对规范的过分依赖

我国建设行业的标准化体制，从来就是强制性规范占主导地位，到今天已经70年了。期间虽有种种变化和改进，但总体模式一直没有变。规范越编越多，越编越细，绝大多数为强制性标准，推荐性标准几乎无人问津。一代接一代，习惯于一切按规范进行勘察设计，规范怎么规定必须怎么做，规范没有规定没法做，形成了对规范的高度依赖。摆脱70年形成的高度依赖规范的惯性，从依赖转为担当，不是件容易的事。

概括起来，就是健全市场和摆脱依赖两大问题，市场不健全是客观实际问题，摆脱对规范的高度依赖是主观认识问题。中国的市场经济不同于欧美的市场经济，是在计划经济的基础上，通过自上而下的改革形成，还在继续完善。标准化体制的改革，也是自上而下进行，基层没有思想准备。因而改革要有一个过程，绝非一朝一夕之事，要平稳过渡。

对安全有特殊要求的工程，如核电厂的勘察设计，会有专门的法规或强制性国家标准，以确保安全。

23.8　全行业参与，平稳过渡

这场大改革的出台，象征着我国的标准化体制发生了重大转变，国家法定约束与市场手段约束相结合，成为我国社会主义市场经济标准化体制的新模式。这是一场历史性大变革，将彻底改变岩土工程师的思想和行为，影响极为深远。高度依赖规范的时代已经一去不复返了，要振奋精神、勇于担当、迎接机遇、迎接挑战。

这次标准化改革，涉及每位岩土工程师，涉及每个工程，涉及岩土工程的全部领域，故必须全行业学习，全行业参与。从学习中参与，从参与中学习。改革难度很大，认识分歧也很大，即使是行业精英，也有不同看法。精英们起着承上启下、上下沟通的作用，他们是政府的智囊，可将岩土工程的专业特点，基层要求传达给政府，协助政府决策。又对行业有很大的感召力，可以动员全行业齐心合力，共同投入。基层是执行者，不了解怎么执行。不是一般了解，还要深入了解，全面了解。只有全面深入了解改革的精髓，才能产生自觉的行动。所以，标准化改革只有少数人参与是不够的，必须全行业参与，群策群力，才能取得良好效果。

标准化改革的繁重任务已经落在行业精英们的身上，主要有：

（1）整合强制性标准，编制技术法规性质的全文强制的国家标准，首次编制，难度很大。

（2）精简政府主导的推荐性国家标准、行业标准和地方标准，改造为基础性、通用性标准，行业标准和地方标准要有行业特色和地方特色，难度也不小。

（3）大量团体标准的编制任务，肯定也是落在精英们的头上。团体标准怎么编，大家都没有经验，要编得先进、实用、有竞争力，实非易事。

现在，新的通用规范已经实施，原来的强制性条文已经废止，一些不了解标准化改革的基层工程师可能有两种态度。一种是依赖规范已成习惯，没有强制性规范不会做了。长达70年的惯性沉淀，言必称规范，忽然没有了，以致不知所措。另一种是冒险盲动，如脱缰之马，反正只要不违反通用规范就是我的天地，造成许多工程问题。如何平稳过渡成了至关重要的问题。

下面对平稳过渡提出一些具体建议。

1）循序渐进

这次标准化改革，从2015年国务院发文算起，已经有六、七年的时间。但主要是上边忙，基层的思想准备和市场运作的准备，都是很不够的，适宜于新标准化体制的勘察设计市场规则，还没有建立起来。从旧体制到新体制，要平稳有序过渡，不能硬着陆。鉴于目前上上下下都缺乏经验，市场不成熟，管理没有跟上，为避免混乱，建议初期的国家通用规范的更新时间可以短一些，以便及时修改。强制的内容可以宽一些，以利确保工程质量。随着市场的成熟，法治的完善，岩土师的适应，再逐步收窄，让岩土工程师负更大的责任，有更大的发挥空间。

2）保留基层需要的原规范

原有的国家标准、行业标准、地方标准，威信很高，大家都已熟悉，如《岩土工程勘察规范》《建筑地基基础设计规范》《建筑桩基技术规范》《基坑工程技术规范》等，建议先作为推荐性标准保留一段时期。随着团体标准逐渐成熟，市场秩序恢复，逐步过渡到既定目标。

3）加强对团体标准的指导

很多社会团体之前没有编制标准经验，团体标准的市场化运行是新生事物。听说现在团体标准有点乱，质量参差不齐，新生事物初期在所难免，希望政府加强指导，主办团体尽心尽力，力求短期内即可健康发展。

4）整顿市场，打击伪劣

既然新标准化体制是适用于市场经济的体制，首要条件当然是要有一个健康有序的市场。大家担心，现在的市场已经够乱了，加上强制性标准突然减少，会不会乱上加乱。希望有关部门下定决心，整顿市场，打击伪劣。诚信是市场经济最需要的道德品质，注册工程师必须忠于职守。严格的法治环境，才能形成人人自律的风气；法治缺失的环境，自律的风气是树不起来的。一旦发现弄虚作假，即使尚未造成不良后果也要严惩，列入黑名单，以警示从业人员，形成人人对其深恶痛绝的社会风气。虽然市场管理是政府的事，但业界可以献计献策，促进和配合。

5）落实技术责任，建立项目工程师制度

我国一向有重集体轻个人的传统，单位对项目负责人也是层层把关，技术责任不如发达的市场经济国家明确。勘察设计是技术服务，和医生、律师一样，个人因素非常重要。这个问题过去不明显，新标准化体制实施后，问题突出了。既然项目工程师的权力扩大了，责任和利益也要跟上，使责权利平衡。建议有关部门建立勘察设计项目工程师制度，确定项目工程师的资质、责任、权力、利益、奖惩等事项，将项目工程师放在突出位置，负起责任，不受干扰。注册工程师执业目前落实得还不够，项目工程师制度将有助于落实。

6）废止低价中标的招投标制度，改革收费办法

勘察设计属于技术服务，绝不可低价中标，否则对技术进步极为不利，应尽快终止。勘察收费的技术服务费用与实物工作量挂钩，完全不合理，要探索技术服务优质优价的收费办法。

7）探索技术服务体制和市场运作方式

我国还没有形成适合国情的技术服务市场，新标准化体制的实施迫切需要解决，难度很大。专业体制问题已经讨论了几十年，一直没有到位，要加紧探索，特别是扶持技术咨询业的成长的问题。技术服务市场是个新问题，建议业界有关人士与主管部门共同探索，制定相应的管理规则。合同是市场关系的纽带，有很多文章可做。岩土工程相关的保险制度，目前基本是空白，要逐步完善。我国的市场经济是从计划经济基础上逐步过渡过来的，有个发展和成熟的过程，尤其是技术服务，离目标还差得很远，还在摸着石头过河，要加紧探索和建立。

笔者退休已经快 30 年，基本离开了岩土工程行业，对实际情况了解很少。只是觉得这次标准化改革太重要了，谈些感想供大家参考。

本文编写过程中，得到了武威、高文生等专家的大力支持和认真审阅，特此衷心感谢！

24　岩土工程伦理刍议

岩土工程专业研究生要开伦理课，友人邀请我从岩土工程师角度谈谈伦理问题，便写了这篇命题作文。对于伦理，我完全是个门外汉，请各位指正。

24.1　伦理学与岩土工程伦理

伦理学是哲学的一个分支学科，本质是研究道德问题的科学，是道德思想的系统化和理论化。传统伦理学的基本问题是道德与利益的关系，义与利的关系，本人与他人的关系，个体与群体的关系。不仅包括道德意识，也包括道德行为。现在看来，还应推广到人与物的关系，人与自然的关系。不仅应该爱自已，爱他人，还要爱万物，爱自然。因为人和自然是命运共同体，要贯彻生态文明的思想。伦理学与人生观、世界观、价值观有密切的关系。

不同的伦理学派有不同的道德观念，有不同的评判标准，树立正确的道德规范和评判标准至关重要。在市场经济环境下，谋取个人利益最大化无可非议。但君子之财，取之有道，必须摆正利与义之间的关系，以义为最高准则。"利我所欲也，义亦我所欲也，二者不可得兼，舍利而取义者也"。

岩土工程工作者应当具有普通公民均需具备的伦理道德：爱国、敬业、诚信、友善等，并贯彻于处理业务问题的思想、语言和行为之中，贯彻于工程实践、专业研究、学术交流之中，贯彻于自己的工作报告、论文著作、工程实体之中。岩土工程工作者应当用正确的价值观、利义观、道德规范，作为判断自己思想和行为的最高准则。岩土工程伦理高于一切。最可怕的就是伦理的沉沦，道德的败坏。

伦理和法制都是规范人们行为的准则，两者相辅相成。法制属于法规层面，违者受罚，具有强制性；伦理属于道德层面，强调自觉，强调教育，由良好的社会文化推动。伦理是法制的基础，自觉遵守伦理规范的人不会违反法制；法制是伦理的前提，法制健全的社会才能形成良好的道德风尚，法制松散的社会，伦理道德是树立不起来的。

结合岩土工程实践，本文拟从善良与敬业、真实与诚信、科学思想与工匠精神这几方面讨论，当然是很肤浅初步的，目的是抛砖引玉，请各位批评。

24.2　善良与敬业

善良就是一颗爱心，是伦理道德之本，是伦理道德的核心，没有善良，其他什么都谈不上。每个人都要有一颗善良之心，一生做善良之事。爱自己、爱亲友、爱同伴、爱人类、爱万物。岩土工程工作者还要爱专业、爱工程、爱现场、爱大自然。善于欣赏岩土之美、工程之美、万物之美。在岩土工程工作者的眼中，城市、乡村、原野、山岭、沙漠等，都是美丽的，都喜欢，都爱。憎恨一切损害万物、损害工程、损害自然的现象。

善良能够构建自己美丽的人生，和谐的人际关系。对于岩土工程，无论科学研究、技术开发、工程实践，都有一个分工合作的团队。勘察、设计、施工之间要合作，与结构等相关专业之间要合作，与业主、政府主管部门、地方有关人员之间要沟通。人际关系好不好，不仅影响个人的心情，影响工作的效率，有时甚至会影响工程的成败。良好的人际关系是智慧的链接，可产生无穷的能量；不良的人际关系破坏人的智慧，可使整个群体的智慧丧失殆尽。处理好人际关系，首先在于善待他人。在合作过程中，要注意他人的特长和困难，要尊重和爱护他人的劳动和成果，要及时沟通信息，了解对方之所难、所求，并及时予以帮助，及时弥合彼此分歧。万一遇到不善意、不讲理、不合作、不正派的人，要采用正确的方法，通过正常的途径解决，不要以其人之道还治其人之身。

人人希望自己进步，希望自己成为佼佼者。但是，同事、同行之间，由于个人条件不同、机遇不同，职务、升迁、薪酬有差别是正常现象，也不可能都很公平、公正。

如能淡泊名利、不屈不挠、继续奋斗，总有成功的一天。相反，不深入分析自己的不足，把名利看得太重，怨天尤人，不仅得不到他人的同情，还会丧失以后成功的机会。"非淡泊无以明志，非宁静无以致远"。个人的失败往往不在客观，在于自己缺乏一颗自爱之心。

古人说："凡事预则立，不预则废。"研究成果排序，论文著作排名，为个人名利争先恐后是常有的事。为了避免以后的不愉快，最好丑话说在前头。预先制订好规则，预先确定好先后顺序，不要事先客气，事后扯皮，这就是"契约"的优势。最不应该依仗自己的权势，以权压人，仗势欺人。你吃多少饭，你有多高水平，业界人士都一清二楚，绝非表面上的排名次序可以决定的。

工序有前道和后道，工程有前期和后期，前道和前期要为后道和后期铺好路、架好桥。尽量方便后道和后期工作能正常作业，不要造成他们不便，更不能为他们设置障碍。设计图纸要周密考虑和校核后再交出去，尽量不做变更、少做变更，以方便施工。

要爱自然，"天地与我并存，万物与我为一"，人与自然是命运共同体。在岩土工程勘察、设计、施工过程中，要时时处处想到保护自然，保护环境。要以一颗善良之心，在设计、营造工程时，时刻想到不给环境带来污染，不给人类带来后患，不给生态造成衰退，不给大地造成伤害。要以一颗恻隐之心，清除已经存在的环境污染，修补已经发生的生态衰退和大地伤痕。不仅要造福当代，还要造福子孙。我国的土木工程已经开始转型，从大建设转向安居、宜居；从掠夺资源转向保护资源、保护环境、保护生态；从单纯追求物质转向更注重追求精神、道德，转向高端文明。重点转向环境岩土工程，是时代进步的潮流。

人生的美丽在于事业的成功，事业的辉煌。敬业是岩土工程工作者自爱的突出表现。敬业首先在于爱自己的专业，爱业才会敬业。但是，真正出类拔萃者总是少数，多数只能是平常人。孟子说："人皆可以为尧舜"。就是说，人人都有成功的机会。管仲辅佐齐桓公，九合诸侯，一匡天下，是成功者；陶渊明归田耕耘，为后人留下脍炙人口的诗文，也是成功者。牛顿、爱因斯坦、爱迪生是成功者；黄道婆一个农村妇女，目不识丁，引进、消化、改进纺纱织布，造福人民，也是成功者。庸人不要懒，才人不要傲，都可以成为成功者。只要定位正确，敬业者必能成功。

怎样才算敬业？说白了就是两个字，"认真"。应数十年如一日，持之以恒，认真做好每一件事，不论大事还是小事；认真当好每一个角色，不管主角还是配角。认真就是一丝不苟、精益求精的工匠精神，将在下文阐述。

遵守规则是一种文明，践踏规则是一种丑陋行为。中国自古就有礼仪之邦的美称，"义"是内在的善良，"礼"是外在的规则，是善良的外在的表现。法律、法规、规范、标准是成文的规则，要遵守；更多的是约定俗成的不成文规则，也要遵守。遵守规则是尊重他人、爱护他人的表现。譬如他人做了对你有利的事，说一声谢谢；自己做了不利于他人的事说一声对不起；不随意打断别人说话；公众场合不大声喧哗等，都是不成文规则。学术活动演讲超时，压缩了后续演讲的时间，也是一种不遵守规则的表现。

24.3 真实与诚信

真实，杜绝一切虚假，就是严格尊重客观事实，杜绝一切主观臆断；就是严格按科学规律做事，杜绝一切盲目行为；就是做老实人，说老实话，办老实事，杜绝一切假话、空话、套话，视一切虚假为可耻、可憎。

人的一生，必须立志绝对不说一句假话，哪怕是无关紧要的话；不做一件骗人的事，哪怕是无关紧要的小事。有了真的意识，才会有语言之真，行为之真。才会有真的作品，真的研究成果，真的工程实体。

岩土工程高度依赖消息，信息失真，危害无穷。保真，特别是初始信息的保真，是岩土工程伦理的底线，不可逾越。过失造成数据不实，是不认真，属于伦理问题；故意造假，不论是否产生不良后果，都是欺骗，不仅道德沦丧，而且可能涉嫌犯罪。任何假材料、假数据，包括勘察数据、测试数据、检测数据、监测数据、设计数据、施工数据，造假都是不可容忍的。勘察资料、检测数据、监测数据，是设计的基础和依据，一旦失实，误导设计，后果不堪设想。设计勾画的蓝图是工程胚胎，重要性不言而喻，如果不从实际出发，为本单位或相关单位夹带私货（产品、工法等），谋取利益，也是令人不齿的勾当。施工过程中偷工减料，那是明显的故意的缺德行为，必须严惩。虚假、剽窃等学术不端，实验研究伪造数据，成果不实、夸大水平，这些年来常有发生。学术界本来处于文明的最高端，本应个个高风亮节，一旦丧失伦理道德，社会影响非常恶劣。

诚信也是真实，是社会主义核心价值观之一。诚信是做人最起码的品行，也是市场经济运行的基本条件。没有诚信的社会必然是混乱的社会。小至约会守时，大致履行合同，都要守信。无论你是团队（工程或研究）的领导还是一般成员，既然接了任务，就得按期保质完成，力所不及就不接。一诺千金，言必信，行必果。现在有些"钓鱼项目"（工程或研究），没完没了地追加经费，没完没了地延长时间，就是缺乏诚信的具体表现。

凡事都要实事求是，对自己也是如此。有多少能力说多少能力，不要不懂装懂，也不要人云亦云。在市场经济社会里，宣传自己的能力，宣传自己的成果，宣传自己做得好的工程，都是必要的。但必须实事求是，有一说一，有二说二，切勿虚张声势，哗众取宠。

人人都有天赋，各人有各人不同的天赋。将有将才，帅有帅才。有人宜做学者,有人宜当工程师;有人宜做设计,有人宜做施工;有人具有多方面才能,有人则比较专一。自知之明也是一种求真求实的精神。一生的事业,选择(定位)最重要,用己所长,避己所短。对领导者,用人所长,避人所短。正确定位+认真=成功。准确定位,行行出状元;定位不准确,再努力,再认真,也是事倍功半,很难取得成功。勇,绝不是什么都不怕,绝不是盲目横冲直撞,而在于自己的信心和实力,攻坚克难的智慧和毅力,深信科学真理而不畏权势。对力不能及的事,可以避开它,绕开它。现在有些单位,有些工程师,为了眼前小利,不顾自身能力,什么任务都敢接。现在工程事故多,粗糙劣质工程多,原因很复杂,不自量力也是原因之一。

　　坚持实事求是,还表现在对是非的判断上。有些人判断是非,判断可信还是可疑,往往先注意是谁讲的。权威讲的就信,小人物讲的就疑;书本上有的,规范上写的就信,普通人讲的就疑。其实这是一种盲目,也是一种迷信。正确的态度应该看是否真有道理,是否符合科学原理和实际情况。应当摒弃人微言轻的习惯,摒弃迷信权威、书本、规范的思想。

　　老老实实的人,人人都爱,都愿意和你交朋友,形成团结合作的团队,形成高品位、高层次的朋友圈。不说真话,缺乏诚信的人,人人都防着他,不会有真正朋友的。老实人含威不露，厚积薄发，决不是窝囊废。受人欺负，可以退避三舍，但如得寸进尺，必据理反击，后发制人。老实人理性，不情绪化，有理不在嗓门高。沉着镇静，遇事不慌，任凭风浪起，稳坐钓鱼船，以宁静致远。在与不良行为斗争时，显得更坚强，更有韧性。

24.4　科学思想与工匠精神

科学追求真理，工匠追求完美。因此，科学思想与工匠精神是岩土工程伦理、道德、人格、价值观的重要组成部分，缺乏科学思想与工匠精神的人，是做不好、做不了岩土工程的。

古代没有工程师，只有工匠和科学家。工匠只知实践，不知实践背后隐含的原理；科学家追求未知，追求客观规律，但不关心如何应用。工程师是理论与实践高度结合的职业群体，既能拿笔，又能拿锤，工程师＝科学家＋工匠，既要有科学思想，又要有工匠精神。把科学精神作为终身信仰，坚定不移；把工匠精神作为人生目标，终身追求。

科学思想是什么？是实事求是，只服从真理，是向深处钻，向高端攀，百折不挠，敢于挑战权威。对科学的理解可以分为三个层次：第一个层次也是最浅表的层次，是科学知识，由于极为繁多，每人只能掌握其中极小的一部分；第二层次是科学方法，即获取科学知识的方法，如观察、实验、推理、分类、验证等，现代科学方法与古代相比已是天壤之别；第三层次，也是最深的层次，是科学思想。科学和迷信互相对立，是两种完全不同、互不相容的文化体系或思想体系。

科学思想只信真理不信邪，讲究实事求是、一丝不苟；讲究严密推理，绝无主观臆断。必须实实在在地积累数据，老老实实地分析判断，得出结论，再到实际中去检验。所以，具有科学精神的人一定是老实人。

科学精神一定是向深里钻，向高处攀。首先是岩土工程界的学术界，必须一生坚持。岩土工程界的一般工程师，也应不断积累，争取多做规模大、难度大的工程，不断创新，走向高端。工程师的理论造诣当然不能与学者相比，但基本概念、基本原理必须牢牢掌握。只有肤浅的、破碎的经验，缺乏理论素养的工程师，决不能成为优秀的工程师。岩土工程师常有这样的情况，对有些问题的基本概念，似乎觉得已经很清楚了，但遇到具体工程时又糊涂起来，可能违背科学原理，犯概念性、常识性的错误。可见岩土工程的基本概念需通过工程实践，不断加深认识。现在有一种过分依赖规范的倾向，不是越做概念越清楚，越有自觉性，而是越做越不自觉，连基本原理、基本经验都忘记了。不是致力于创新，致力于完美，粗粗拉拉，只知道规范怎么写工程就怎么做，使规范的应用趋于"异化"。这种态度与工程师的称号是不相称的。

工匠精神是什么？是力求精致，力求完美，是认真做好每一件作品。件件事做得认真，件件事做得精美，就是"匠心"。古人云："良工不示人以朴"，优秀的工匠是不会出示尚未达到完美境界的作品的。对岩土工程师来说，一项工程就是一件作品，确保安全是一条不可逾越的底线，决不能存在半点侥幸心理，切勿屈从某些领导或业主的压力，盲目蛮干。有些事故的深层次原因，就是由于业主不合理压价，政府主管部门关死竣工时间，倒排工程进度，同行之间无序竞争引起的。工程一旦真的发生了事故，其他人可以推卸责任，岩土工程师是跑不了的。事故可以造成生命、财产、工期的重大损失，充满爱心的人必须坚决防止事故的发生。

工匠精神追求精致，就是认真，一丝不苟。做工程要认真吃透功能要求，认真搜集和核查资料，认真听取各方意见，认真构思方案，认真设计细节，既要满足工程当今安全，还要考虑环境改变对工程的影响，做好防范准备。工程实施时，要认真注意每一微小异常，不放过每一个角落。对于勘察测试，要严格检查试样质量，认真选择测试方法，认真做好每一道工序，确保每一个数据无误。

工匠精神既追求精，更追求美。优秀的工匠都是艺术家，故宫的建筑多美，云冈、龙门的石窟多美，赵州桥多美，都是古代工匠的作品。岩土工程既蕴含着科学性，也蕴含着艺术性。太沙基早就说过，"岩土工程与其说是一门科学，不如说是一门艺术"。

　　科学讲究普适性和理性，可大量重复，而艺术讲究个性和悟性，各具神韵，异彩纷呈；科学创新有时"昙花一现"，不久就被超越，而艺术创意则是永恒，常温常新。技术或多或少含有艺术元素，而岩土工程面对的是千变万化的地质条件和多种多样的岩土特性，需因时制宜，因地制宜，视工程要求不同而酌情处置，处理办法又常常因人而异，各具特点和个性，因而富含更多的艺术元素。有些处置得非常巧妙，有创意性，有可欣赏性，给人以美感，呈现出独特的艺术魅力；有些则平庸无奇，接到工程项目后，不首先想一想这个项目有什么特殊性，如何针对特殊性进行个性化处理，而是仅仅满足于遵守规范，满足于千篇一律的"批量化生产"，其成果当然无艺术性可言。个别项目甚至违反基本科学原理，违背基本工程经验，成为笨、蠢、丑的作品。精美的艺术品常用"巧夺天工"来赞美，巧就是美。打仗出奇制胜，以少胜多，是美的指挥艺术；工程建设四两拨千斤也是一种艺术。岩土工程艺术之美，表现在文件的图文之美、方法的巧妙之美、实体的恒久之美、环境的和谐之美，而最核心的是构思的智慧之美。有工匠精神的工程师，才能做出美的作品。

工程师有时需要执着，有时更需要灵活；不仅需要学问，更需要经验；不仅需要知识，更需要智慧；不仅需要逻辑思维，更需要辩证思维；不仅需要深，更需要广，要横看成岭侧成峰。因此，工程师更侧重于从宏观、从系统、从整体角度观察和思考问题。工程师追求的最高境界，与科学家不同，不是深奥的学问，而是孔老夫子说的"随心所欲，不逾矩"。就是说，拿到一个工程，无论大还是小，复杂还是简单，有成熟经验还是没有成熟经验，要求严还是要求宽，时间紧还是时间松，资料充分还是缺乏，都能采用安全、适用而经济的方案，符合科学原理和基本经验，不会犯概念性错误。既能"进什么山，唱什么歌"，灵活多样；又严肃认真，个个工程做得优秀完美。要练就这样的功夫，前提就是要有科学思想和工匠精神。

24.5 岩土工程伦理困境与破解之道

目前我国岩土工程的伦理情况如何？种种乱象充斥招标投标、勘察、设计、施工、监测、监理市场，实在令人担忧，令人悲哀！以勘察测试为例，编造钻探记录、编造测试数据，勘察报告是 20m 的钻孔，实际只打了10m；报告上有 20 个钻孔，实际只打了 10 个。施工质量检测和工程原型监测造假的事也屡有所闻。杭州地铁湘湖站事故，邻近马路已经出现明显开裂，监测数据还是"正常"，要不是后来发生特大事故曝光，还不一定为人所知。有的"原始记录"整整齐齐、干干净净、字体划一，各孔的描述完全一致，一看就知道，是为了应付检查临时而编造的。某工程岩溶发育，上部土层因潜蚀、真空吸蚀而松动，勘察时有钻头自重下移现象。本来是必须记录的大问题，但柱状图上毫无反映；还"取了"9个原状土样，试验指标的离散性很小，这些试验指标是真的吗？因为潜蚀、真空吸蚀而产生的松动土层，应该很不均匀，指标很离散才是正常。规范要求用1级不扰动土样做力学性试验，报告书上写的是薄壁取土器，实际是真的吗？据厂家介绍，1级土样取土器的销售量非常少，勘察单位哪来的取土器？实际看到的是，从岩芯管里切一段，包装一下就是原状土，是否真做试验还两说。试验室资质论证时，把其他试验室的仪器借来，临时放一放，论证通过后立即还回去，是常有的事。大家睁一眼，闭一眼，岩土工程伦理的困境已经到了多么严重的地步！

伦理困境破解之道，无非是两方面，六个字:严法制，重教育。

法制和伦理虽然位于两个不同的层面，但目标是一致的，都是提倡善良、真实和美好，反对邪恶、虚假和丑陋。两个层面相辅相成，互相促进，所以国家需要法治、德治兼顾。发达国家为什么伪劣工程、伪劣产品较少，重要的一条措施就是重罚，列入黑名单，警示从业人员。当前，最迫切的任务是整顿市场，一旦发现弄虚作假，即使尚未造成不良后果也要严惩，以便形成人人对其深恶痛绝的社会风气。

对伪劣工程的监管，现在已有足够先进的手段。信息技术突飞猛进，从招标、投标、勘察、设计、施工、检测、监测、监理，到工程的全寿命过程，均可留下真实的记录，包括文字、图像、影像。不可修改，随时可以调取，无法掩盖。只要业界大力提倡，政府主管部门下定决心，强制执行，伪劣工程及其作祟者，定无藏身之地。

教育是德治，心正然后才会语言正，行为正，使人人都有一颗自爱之心。开设置岩土工程伦理课程就是从教育入手，破解伦理困境的重要措施。"人之初，性本善。性相近，习相远。苟不教，性乃迁。"虽然是古人之言，现在看仍是有道理的。

为了营造整个社会的道德风尚，不仅自己要做好，还要帮助他人做好，互相提醒是相互之爱。对严重损害伦理之事，决不能容忍。容忍同样不道德，同样是伦理的沦丧。邪恶、虚假、丑陋的事，都是见不得人的，都是想千方百计地伪装、掩盖。为了破解伦理困境，要勇于揭露各种不道德行为，让违反伦理的事暴露在光天化日之下。揭露不道德行为也是一种教育，对当事人是严正的告诫，对业内人士是强烈的警示。

25 注册岩土工程师的定位与担当

岩土工程专业体制改革问题，我们一代人已经探索了 40 年，至今没有到位，只能寄希望于新生一代。我本人也前前后后在各种场合有过多次谈论，写过不少文字，本书不拟赘述。这篇曾发给几位岩土界的朋友讨论，原文为"设计定位与工程师担当"，稍加修改，转录于此。

25.1 岩土工程发展的体制性障碍

当前，我国土木工程的规模和难度举世无双，作为岩土工程大国当之无愧，但发展很不平衡。一方面，一些世界级的大工程圆满完成，还有不少创新；另一方面，不少工程做得相当粗糙。虽然少数精英与国际同行不相上下，但多数岩土工程师的知识和经验还相当局限。就总体而言，与岩土工程强国差距很远，根本原因就是存在体制性障碍，影响创新和技术进步，影响优秀人才的成长。

我国的岩土工程体制深受苏联模式的影响，"勘察设计截为两节，铁路警察，各管一段；精英顶层设计，基层如法炮制，不得违反"。由于勘察设计分成了两段，设计定位不准，不能充分发挥其核心作用；所谓精英顶层设计，基层如法炮制，就是专家制定标准规范，基层只能按标准规范执行，造成对规范的过分依赖，抑制了基层的主动性、积极性和创造性。改革开放以后，当时岩土界的精英们看到了这个问题，推动改革，企图突破专业发展的体制性障碍。但四十几年过去了，虽然教育有了岩土工程专业，国家标准有了岩土工程勘察规范，执业资格有了注册土木工程师（岩土），专业体制的改革似乎应该完成。但是，勘察与设计的分离依旧，注册岩土工程师依然滞留在勘察单位，业务面很窄，宽广的知识无用武之地，岩土工程专业体制的改革还是没有真正到位。

25.2 勘察、设计、施工各自承担的角色

工程建设都由设计、信息、施工三部分组成，设计是技术决策部门，是工程建设的核心和灵魂，图纸怎么画，工程便怎么建，这是显而易见的。所谓信息，包括设计前的勘察测试，设计中和设计后的检测和监测，施工过程中的信息，使用维护过程中的信息，都是为设计决策服务。勘探、测试、检测、监测单位的主要职责就是提供真实可靠的信息，虽然可以根据信息做必要的判断，提出技术决策的建议，但最后决策还是在设计。施工负责工程的建造实施，主要职责是按图施工。当然也可以根据施工中出现的实际情况，提出修改设计的建议，但最后决策肯定还是设计。正像打仗一样，由指挥系统、

情报系统、作战系统三部分组成，指挥系统是决策核心。设计在工程建设中的核心地位，本来很容易理解，为什么有了问题呢？根子就在于苏联模式导致的勘察与设计的分离，设计的核心作用未能充分发挥。

设计依赖信息，各专业是相同的。但相对于结构，岩土工程由于地质条件和岩土性质的复杂性、多变性和不确定性，获取信息的技术也复杂而多样，需由专门的勘察单位承担。计划经济时代的苏联采用勘察与设计分为两段的模式，市场经济国家采用咨询公司的模式，由咨询公司中的岩土工程师将勘察与设计有机联系起来。40年前我们一代就是以此为目标模式推动改革，但未能成功。今后，技术咨询的模式仍应进一步探索，难点是在中国特色市场经济环境下如何适应，这个问题将在下一篇中详细讨论。目前有个关键问题首先要解决，即出台相应法现，规定咨询报告具有法定效力，负相应的法律责任和经济责任，解决咨询报告的"合法性"问题，让设计单位敢于采用，乐于采用。现在社会上普遍理解，咨询是提提意见，谈谈看法，并不负责，也许是我国岩土工程咨询业未能发展起来的一个原因。如果像发达的市场经济国家那样，咨询报告负相应的法律责任和经济责任，情况可能会完全不同。

在咨询业发展起来之前，只能由承担设计的工程师担当。条件是设计者必须具备必要的知识。我曾说"勘察不参与设计，永远只能在外围徘徊，进不了岩土工程核心；设计不懂勘察，永远只能是计算匠，成不了岩土工程内行"。既然岩土信息是设计决策的依据，设计者就必须根据地质条件、岩土特点和工程要求，提出需探明哪些问题，测哪些指标，用什么方法勘探，用什么方法测试；就必然要关心信息的适用性、可靠性，并亲到现场，实地考察岩土的性状、勘探测试用的仪器设备是否合格，操作过程是否规范，勘察成果是否可靠。而不能只是按本本千篇一律地编写勘察任务书，不加鉴别地按勘察报告提供的指标计算。以免误导自己，铸成大错，承担责任。

那么结构工程师是否可以承担岩土工程设计呢？这要看工程和工程师的具体情况，不能一概而论。结构和岩土两个专业同属土木工程，无论地基基础、基坑工程、地下工程，都是我中有你，你中有我。结构专业本来就要学习土力学、地质学的基本知识，有些岩土工程师本来就是结构专业出身。有些工程的地基基础设计比较简单，对岩土信息要求不高，结构工程师完全可以胜任。但有些工程岩土问题很复杂，风险较大，一般结构工程师就无能为力了，需由受过专业训练的岩土工程师承担。所以，我不赞成划结构与岩土的任务界线，那是划不清的。岩土工程师要解结构工程师之困，而不是夺结构工程师之爱。

当年专业体制改革选择勘察为突破口，有其历史原因。现在看来，既然设计是核心，重点应当是设计，由设计带动勘察推进，方能到位而不错位。当年岩土工程体制改革的思路，注重机构设置，技术与劳务分离，勘察单位内设立设计室等。现在看来，只要勘察、设计、施工的位置摆正，注册岩土工程师准确定位，机构形式并不重要，可以根据各单位的具体条件灵活掌握。或者说，可在多元化模式的基础上，群策群力，万众创新，通过市场竞争，逐步筛选，逐步完善，形成主导模式。

将勘察测试定位于提供信息，可能有人不赞成。当初提倡勘察要加强岩土工程评价，向设计延伸，为什么又要退回来呢？其实，当初选择勘察作为改革突破口，向设计延伸，目标是咨询公司模式。现在看来，咨询公司模式虽然未能实现，但一些实力较强的勘察单位，已经不同程度具备了设计能力，单位名称也改为勘察设计院或勘察设计研究院，重新明确勘察和设计的定位，一点也不会影响设计业务的开展。我还认为，设计前的勘察和设计中、设计后的检测和监测，都是提供信息，技术方法也相同或相近，建议勘察业务包含检测、监测，延伸至工程建设乃至工程寿命的全过程。

25.3 风险和责任

中国工程师的风险意识不强，不敢担当责任，可能有些人不以为然，但我却认为就是这样。主要表现就是对规范的过分依赖，从"一五"计划以来几十年，几代人的习惯，已经成了中国岩土工程的"特色"。规范有规定按规范做，规范没有规定不能做，无论勘察还是设计，都离不了规范这根拐棍。于是，规范越订越多，越订越具体，工程师没有多少可以回旋的余地，只能依赖规范。久而久之，养成不必钻研理论，不需积累经验，不必力求将工程做得完美，更谈不上创新，只需遵循规范，既不冒风险，又不承担责任。但是岩土工程充满复杂性、多样性、不确定性，很多问题需依靠工程师随机应对，规范是绝对不能完全包络的。

竞争才能促进技术进步，担当才能促进优秀人才成长。工程师不必担当，不敢担当，也没有凭技术、凭质量、凭效率的良性竞争，哪会有行业的技术进步？哪会有人员素质提高？

可喜的是，从 2016 年开始，国务院决定深化标准化体系改革，接着住房和城乡建设部布置具体实施，2017年全国人大常委会发布了新的《中华人民共和国标准化法》，标准化体系发生了巨大变化，除了全文强制的国家标准外，其他标准一律不设强制性条文。深化标准化体系改革，为解决这个问题带来了契机，为发挥工程师的主动性、积极性、创造性留出了很大空间，同时也意味着要提高风险意识，要承担更大的责任、更重的担当。这个问题已在《岩土工程标准化的历史性变革》中做了详细论述。

有个问题我曾反复思考过，为什么发达的市场经济国家，设计单位愿意把岩土工程让给咨询公司，而中国总想自己承担？为什么中国各个单位，常常不顾自己的能力，争抢任务，而外国不是这样，他们似乎都有自知之明？这里的关键恐怕就是风险意识，中国只要遵循规范就没有风险，没有责任，因而没有真正的市场竞争，竞争才会有动力。

25.4　注册岩土工程师的定位与担当

既然设计处于核心地位，那么注册岩土工程师必须以设计为自己的主要业务。今后应该规定，设计文件和咨询文件必须有注册岩土工程师签字方才有效，以树立注册岩土工程师的核心地位和独一无二的权威。岩土工程单位的形式可以多种多样，只要有注册岩土工程师就有资格。岩土工程可以由勘察、设计、施工各单位、各方面的人员，分工合作共同完成，但注册岩土师是核心，是灵魂，实际负总的技术责任，把勘察、设计、施工有机统一起来，无缝衔接，便可以克服勘察、设计、施工的机械分割。注册岩土工程师既懂得勘察，又懂得设计，还可以指导施工，有法定的执业资格，完全可以担当这个责任。

勘察设计是技术服务，和医生、律师一样，个人因素非常重要，既然注册工程师的权力扩大了，责任和利益也要跟上，使责权利平衡。建议有关部门出台"勘察设计项目工程师制度"，确定项目工程师的资质、责任、权力、利益、奖惩等事项，将项目工程师放在突出位置，负起责任，不受干扰，把注册工程师的责权利以法规的形式固定下来。

体制改革的推进由政府主导，精英作为"智库"辅助和配合，进行顶层设计。体制改革实施的前提在于有一个有序的、健康的，凭高质量、高效率取胜的市场，热切期待政府主管部门管好市场，严格法纪，保障改革顺利进行。衷心希望尽早突破体制性障碍，出一批国际著名的大公司、专业公司、大学者、大工程师，领跑国际，从岩土工程大国走上了岩土工程强国，这就是我的"岩土梦"。

26　漫谈岩土工程咨询

这是 2021 年 5 月 13 日在杭州举行的岩土工程咨询专题讨论会上的书面发言。

各位朋友，各位专家：

我已经是 87 岁的老人，早已退休在家。对岩土界的事情，偶尔客串一下，只是几十年养成的职业惯性而已。近日听说在杭州有个项目咨询的现场会议，岩土界的同行们专题讨论咨询问题，勾起了我当年的心事。现场学习是不能去了，只能写点往事回忆和粗浅想法，作为一个书面发言。

我首次接触到岩土工程咨询，是 20 世纪 70 年代末，那时刚刚改革开放。知道欧美国家没有勘察行业，绝大多数岩土工程师在咨询公司服务，岩土工程的勘察设计一般由咨询公司承担。咨询报告有法律效力，负经济责任。还参阅了一些咨询报告，知道了咨询报告的内容。报告中勘察数据很详细，但更主要的内容是在工程分析的基础上，提出地基基础设计的具体方案。我和我的同行们都觉得，这是一种先进的经营模式，应当引进，作为我国未来岩土工程的目标，取代原来勘察设计分为两段的体制。

那些年，勘察界多次聘请美国咨询公司的专家到我国讲学、座谈，如饥似渴地吸收他们的经验。印象最深的有两位：一位是陈氏咨询公司的陈孚华先生，一位是戴姆斯·摩尔公司的罗美邦先生。陈先生既是公司经理、咨询工程师，又是一位膨胀土专家，多次来华，回答了我们很多关于咨询公司的具体问题。譬如公司的业务范围、对员工专业和能力的要求、有哪些仪器设备、怎样收费、怎样保险、甚至一年出多少报告等。陈先生还说，曾多次作为专家出庭作证，咨询利润不高，风险不小，准备很快退休。罗美邦先生与我合作了一个位于北京的外资项目，我是该项目的勘察负责人，他是资方委托的咨询工程师。我们合作得非常好，前后经历了近两年，使我对美国勘察测试的技术要求，咨询工程师如何运作，咨询报告怎样编写等，有了深入的了解，并通过他和戴姆斯·摩尔公司建立了关系。建设部先后派建研院地基所的平涌潮先生、西北勘察院的林在贯先生到该公司实习，希望以他们为桥梁，带回美国的经验，发展我国自己的岩土工程咨询业。

岩土工程以咨询公司为载体的体制，与我国的勘察设计体制比较，优势很明显：（1）咨询公司的勘察与设计浑然一体，职责非常明确；勘察与设计分开的体制，常有互相重复，互相推诿。（2）国外没有"处方式"规范，技术问题均需工程师自己拿主意，有很大自由发挥的空间，权力大，责任也大，有利于创新和技术进步；我国的岩土工程师高度依赖规范，规范有规定必须按规范做，不敢越雷池一步，规范没有规定不敢做。工程师不敢担当，抑制了业务的进取心，抑制了创新和技术进步。（3）我国现在勘察假冒伪劣比较普遍且很难遏制；而咨询公司的体制，从源头上就不存在这个问题，勘察和设计是一家，难道还会自己造假自己用，自己骗自己吗？相反，力图做好，本单位做的试验千方百计做好，委托其他单位做的钻探取样，派专人在现场指导监督，不合格不验收。（4）我国现在为了便于管理，用行政法规规定，勘察应该做什么，设计应该做什么，但还是划不清楚，常有不合理之处；咨询公司勘察和设计是一家，不存在这个问题。（5）我国把勘察设计单位分成若干等级，规定执业范围，结果是甲级单位越来越多，名不副实的不少。有了纠纷找政府，政府主管部门不胜其烦。外国咨询公司的体制，岩土工程师均已通过注册考试，都能胜任岩土工程勘察设计。只要有人委托，大小工程都可以承担，但做坏了得负法律责任和经济赔偿。岩土工程师绝对不敢造次，万一失误，可能会影响自己一辈子。不像我国现在，只要一切遵循规范，出了问题也不必担责，所以什么工程都敢接，就怕其他单位抢了饭碗。咨询公司如果做得太保守，那就失去竞争力，没有人找你了。

咨询公司的强弱，不是官方封的，而是靠自己在社会上拼搏，赢得声誉。罗美邦曾对我说，我们公司只接大任务，困难的任务，因为我们公司工程师的待遇高，收费比别的公司高，小工程和简单的工程，自然去找收费低的公司，不找我们。这样，便有利于能力强的公司获得更多的利益，在竞争中提高。有纠纷，找仲裁，不服仲裁，找法院，一般不涉及政府。

从上面的对比可以知道，咨询公司是知识经济的载体，专门解决疑难问题和困难问题。岩土工程充满不确定性，困难问题、疑难问题很多，由咨询公司承担最为合适。我国原有勘察与设计分成两段的体制，是学习苏联的产物，适应计划经济。现在已经进入市场经济，不利于岩土工程的发展，应当改革。于是，我和我的同伴们，在同行中呼吁，向政府部门建议，着实下了一番功夫。同行们热烈响应，政府积极支持。但是很遗憾，四十几年过去了，勘察与设计分割依旧，咨询公司的事，直到今天还是摸不着石头，过不了河。

现在看来，那时我们热情虽然很高，但认识却很幼稚。以为只要专家们登高一呼，政府下一道命令，就会达到既定目标。现在知道，外国有效的体制，有外国的社会经济背景，拿到中国来简单复制，或者行不通，或者走了样。体制问题远比技术问题复杂，一定要与整个社会政治经济体制的改革相协调，放在市场经济转型和依法治国的大背景中去考察。要有生长的机制，生长的环境和生长的动力。孤军突出，照搬外国模式是不现实的。

40多年改革未能到位的原因很复杂，有社会大背景，也有具体操作问题，这里不详细分析了。其中有一点很重要，就是勘察界孤军奋战，没有和设计联合攻关。我国目前，岩土工程由勘察、设计、施工三部分力量合作完成。本来，三者的定位应当是，技术决策在设计，责任最大；勘察的职责是获取信息，施工的职责是根据设计建造工程。既然设计是核心，今后应以设计为主推动岩土工程的改革。

咨询业要有客观需求才有生命力，否则是发展不起来的。欧美国家设计单位不做施工图，施工图由施工单位做。对于复杂的岩土问题，施工单位觉得不能胜任，风险很大，咨询公司便有了用武之地。我国几十年来，设计者有勘察报告作为依据，有"处方式"规范可以依赖，对咨询的积极性不高。现在，新的《中华人民共和国标准化法》已经发布，全文强制的国家标准只有很少几本，只规定若干不可逾越的底线，其他标准均不设强制性条文。一方面为工程师留出了很大自由发挥的空间，同时也意味着设计者要承担更大的风险和责任。岩土工程不确定性问题很多，疑难问题很多，设计者可能会觉得难以胜任，有畏惧感，再加上这些年勘察报告问题不少，工程纠纷诉诸法庭的事件日益增多。为了规避风险，设计者会乐于接受，这就为咨询业的发展提供了需求空间。所以，对结构工程师来说，咨询是急设计之所急，解设计之所困，绝不是和设计抢任务、抢饭碗。

此外，有两个具体问题相当棘手，一个是咨询公司的保险问题，20世纪80年代初，我国的保险业刚刚萌芽，哪里谈得上工程保险？听说现在有了。另一个是咨询公司如何收费，这个问题我专门问过几家外国咨询公司，答复大致相同，但在中国恐怕都行不通。譬如罗美邦说，咨询工程师每天要向公司报告当天工作的时间分配，为甲项目花了多少时间，为乙项目花了多少时间，为丙项目花了多少时间，包括出差，去工地。某工程项目结束后，公司统计累计为该项目花费的时间，根据时间计算咨询费用。他认为这样收费很合理，因为咨询就是一种脑力劳动，没有原材料消耗，其他支出也很少。但是，在中国行得通吗？

发展岩土工程咨询业，今后怎么办？提三点粗浅想法。

（1）顶层设计

岩土界的精英，在同行中有很高的号召力，对政府有很强的影响力，应承担起顶层设计的责任，成为推动改革的主力。顶层设计前，先研究一下，为什么我国的咨询业发展不起来，横在前面的主要障碍是什么。顶层设计时，要注意到，外国的经验有外国的社会背景，不能照搬，一定要按照中国的国情，适应中国的政治经济制度，并与时俱进。要推动政府建立相应法规，确定咨询业的法律地位，确定咨询业的责权利，确定咨询报告应有的法定效力，负相关的责任，让设计者敢于使用，乐于使用。法制有规定，才能名正言顺，否则，名不正，则言不顺。

体制改革的目标是克服勘察与设计的分离，实现勘察设计一体化。工作在勘察单位的岩土工程师们，应当摆脱单纯勘察的局限，向岩土工程设计转移，向咨询转移。勘察者不参与设计，永远只能在外围徘徊，进不了岩土工程核心。工作在设计单位的岩土工程师们，要到现场去，检查勘察和施工是否符合设计要求。设计者不懂得勘察，永远只是一个计算匠，成不了岩土工程内行。勘察设计兼备，有指导施工的能力，才是真正的岩土工程师。从事咨询工作的单位，既可以是独立的咨询公司，也可以是具有咨询资质的勘察单位、设计单位或其他单位。

（2）咨询业的经营范围

我觉得，咨询单位既可承担综合性的岩土工程勘察设计，也可承担某一专门问题的研究。这样，既可以促进勘察与设计的融合，也有利于复杂问题、疑难问题的解决。譬如基坑工程，结构工程师一般不愿意承担，却是岩土工程师的强项。经验告诉我们，如果一个基坑项目，勘察和设计是两家，则设计者总感觉勘察资料不好用，不放心，也不利于明确责任，由一家公司承担就顺风顺水。地基处理也是如此，咨询单位可以按咨询报告在现场指导施工，将处理好的地基交给设计者。

对于地基基础设计，如果设计单位觉得难度大，有风险，为了规避风险，可以委托咨询，或建议业主委托咨询。设计单位如果遵照咨询报告设计，则责任由咨询单位承担，否则，责任由设计者自负。地基基础的咨询报告和勘察报告，在内容上有根本性差别。勘察报告的内容主要是提供资料，资料失真要负责任，对岩土工程问题的分析评价只是分析评价，对设计方案的建议只是建议，具体设计还是由设计者做，负责任的当然是设计者。而岩土工程咨询报告中的地质数据只是个铺垫，主要内容是在岩土工程分析基础上的设计，设计单位的结构工程师可以据以操作，负法律和经济责任的是咨询报告的提供者。

本次现场会议的示范项目，是全过程咨询，具体如何运作，我没有学习的机会，不了解，但和我上面的想法不会有矛盾。我猜想，所谓"全过程"大概是勘察、设计、施工、维护的全过程，岩土工程咨询的职能应该如此。当然，从商业层面上讲，咨询工作既可以承担全过程，也可以承担其中的一段，承担某一专题，由双方协商确定。全过程咨询的优势是前后一贯，没有因交接可能出现的问题。

（3）权益与责任的平衡

在市场经济体制下，由市场机制调节各方关系，使权益与责任达到平衡。在遵守法律、法规和强制性国家标准的前提下，通过合同实现。有关行政法规只做原则性规定，划定不可逾越的底线，不必规定得过细。譬如咨询单位的法人资格，应当具备独立承担法律责任的能力，首先必须有执业资质的注册工程师。20世纪90年代，我曾接待过一个台湾注册岩土工程师代表团，他们说，通过了注册工程师考试，得到了执业资格，就可以开咨询公司了，与有了律师资格可以开律师事务所差不多。他们对公司中注册工程师的人数没有规定，我们要不要规定，可以讨论。其次，必须有经济赔偿能力，包括自有资产或通过保险。委托咨询的甲方，一般是业主，也可以是设计单位，也可以是施工单位或其他单位，甚至政府有关部门。咨询单位的具体权益和责任，可通过协商，在合同中体现。咨询工作拟采用哪些非强制性技术标准，也应在合同中列出。

咨询报告要不要评审，由业主或主管部门根据项目的具体情况确定，不便统一规定。我觉得，应尽量有利于明确责任。国外经常采用的听证会，值得借鉴。重大的、高难度的工程，邀请有关专家讨论、听证，不一定形成统一意见，最终由主持听证者拿主意。

我国目前的咨询业太薄弱了，要大发展。但必须步步为营，稳扎稳打，切不可一哄而起，一哄而散，把咨询的名誉做坏了。不要用行政手段为咨询开路，要让咨询业在竞争中展现自己的优势，逐渐取代旧体制。20世纪80年代初，一度冒出了许多咨询公司，什么都能做，什么都不会做，被政府取缔。把咨询的名誉搞糟了，咨询报告被社会上认为是不合法、不严肃、不可信的文件。这次，一定要把咨询公司打造成负责任的高端企业，能够担当起岩土工程勘察设计重任的企业。

27 故事 7 则

2019 年，我在专业微信群中发表了《岩土故事 32 则》，下面选几则供各位朋友饭后茶余消遣。

第 1 则 洛阳铲和盗墓贼

洛阳铲大家都熟悉，现在仍用于浅层勘探、锚杆成孔及其他用途，有多种类型。但这些都是改进型，原始型是谁发明的？是盗墓贼！

"一五"计划期间，洛阳和西安兴建大量重点工程，这两个城市都是古都，地下古墓很多，探墓成了不可忽视的大问题。那时还没有地质雷达之类的先进仪器，政府把过去的盗墓贼集中起来，经过学习改造，这些社会渣滓变成了"探墓专家"。

1954 年 10 月，我刚参加工作，第一个大工程就是洛阳拖拉机厂勘察。地下古墓很多，用的就是既原始又可靠的工具，盗墓贼发明的洛阳铲。现在的洛阳铲用铝杆，既轻便，又可以接长。那时是一根长约 3m 的细木杆，一头装着半圆形的铲头，另一头拴着一根长长的麻绳，投入孔内取样。洛阳铲很轻巧，探测深度达十多米，取上来的土样能保持一定的原状结构。盗墓贼根据洛阳铲取出的土样，鉴刻是"原土"（没有扰动的土）还是"花土"（扰动过的土）。明朝以后沉积的原土称"新土"，明朝和明朝以前沉积的原土称"老土"。为了不遗漏一个古墓，探孔的密度为 2m×2m，中间再加一个，梅花形布置，密密麻麻。探墓时，一百多个民工组成一支队伍，人手一铲；七八个以前的盗墓贼被聘为"把式"，巡回鉴别土样。先初探 3～4m 深，穿过新土，全厂区普遍探测。如果新土下面是老土，就停止再探；如新土下面发现花土，则说明下面有古墓，加深加密，查明古墓的深度和平面形状，用石灰在地面上做出古墓轮廓的标记，再由测量员测绘在图上。文物部门据此可以判定古墓的朝代。后来，洛阳铲作为简易浅层勘探手段，在华北和西北地区广为应用，还被苏联专家引入苏联。我在苏联见过，但未能推广。

洛阳拖拉机厂场地古墓的数量和分布查得非常清楚，总数有多少记不清了，大概几百个吧。最浅的深约 4m，最深的达 11m，有周墓、汉墓、晋墓、唐墓和明墓。越深朝代越早，越浅朝代越晚。开挖后由文物部门派人在现场纪录测绘，将墓中的文物移至博物馆收藏。

白猫黑猫，抓住老鼠就是好猫；英才庸才，有用就是人才；先进技术、落后技术，解决问题就是适用技术。岩土工程是实用主义的乐园。

第 2 则　比原土还硬的回填土

涉及地基的土方工程，现在的原则是"宁挖勿填"。填方不仅成本高，而且即使达到标准，也比不上天然土，更何况施工单位偷工减料，做得不到家是常有的事。可是笔者六十多年前见到的，回填土比原土还硬。

1955 年 3 月的一天，在原建筑工程部北京工业设计院（现中国建筑设计研究院的前身）召开了一次专门会议，讨论国家重点工程洛阳拖拉机厂的地基基础问题。我那时刚参加工作，有幸和冯增寿（曾留学美国）一起，代表勘察方参加。设计院作为工程的设计方有八九位工程师，唱主角的是设计院的一位苏联结构专家，设计总局局长闫子祥也参加了会议。此外，聘请了几十位中苏两国的专家，记得有我所在单位的苏联专家奥尔洛夫、建研院地基所所长黄强（美国康奈尔大学博士）、清华大学教授陈梁生（美国哈佛大学博士）等，大会议室坐得满满的。会议由设计院院长袁镜身主持，他先请设计院介绍工程概况和设计的初步方案，然后请中国专家发言，最后请苏联专家做结论。讨论中，地基承载力和黄土湿陷性问题不难，问题既不严重，又有苏联规范可循，一致同意用天然地基，麻烦的是古墓开挖后的回填和铲探孔的地基处理。整个场地古墓的数量和分布查得很清楚，没有任何问题，为了查明古墓，整个场地用洛阳铲密密麻麻打了不计其数的铲探孔，每 $2m^2$ 有一个，普遍深 $3 \sim 4m$，遇到可能有古墓时还要加深。会上，先后提出了加深基础、毛石基础、灰土基础、短桩基础等多种方案。

关于铲探孔的问题，陈梁生教授觉得问题不大，他说，铲探孔直径仅 $7cm$，孔的面积仅 $32cm^2$，只占总面积的 0.16%，圆孔有拱效应，黄土的结构性很强，对承载力和变形不会有太大影响。但多数专家不放心，觉得还是处理为好，因而地基处理的工程量相当大。

会上，施工单位的一位专家有备而来，提出素土回填夯实的方案。他们做了素土回填夯实的现场试验，密实度完全可以达到要求，既可靠，又经济，得到了与会中苏专家的一致赞同。

我没有去地基处理的施工现场，但处理后的回填土送到我院的试验室检验，质量非常好，比原土还密实。具体指标不记得了，据试验员反映，土样非常硬，切削加工都很费力。那时没有重型机械，只有蛤蟆夯之类的小型轻型机械，但施工单位工作非常认真，严格按要求执行，分层铺垫，分层夯实，取样检验，一丝不苟。

看来，回填土的质量问题，正如孟夫子所说："是不为也，非不能也"。

第3则　膨胀土攻关大会师

20 世纪 60 年代末，我国援助非洲的工程项目中，有好几个项目发生了膨胀土破坏工程的事故，造成很大的经济损失和不良政治影响。其中一个是坦桑尼亚农场，都是轻型建筑，百分之九十以上遭到严重破坏。这么多事故引起国务院有关领导的严重关切，责成当时的国家建委负责解决。稍后，即20世纪70年代初，我国国内多地也发生因膨胀土引起的工程事故，有民用建筑、工矿厂房、解放军营房。地点遍及全国许多地方，云南的蒙自、个旧，广西的南宁、宁明，湖北的郧县、枝江，河南的平顶山，安徽的合肥，河北的邯郸，陕西的安康等。那时，工程界对膨胀土非常生疏，觉得怎么一夜之间全国冒出了那么多膨胀土，弄得手足无措，不知如何是好！这大概是因为，20世纪50～60年代，建了许多单层建筑、轻型建筑，膨胀土问题短时间没有显现，接下来几年，连年干旱，问题就井喷似的爆发了。那时解放军的营房都是单层，砖墙承重，破坏很严重。工矿企业中以焦炉等热力车间最为突出。平顶山的一位基建负责人说，单层工人住宅建成后，2、3年就开裂，越裂越宽，宽到屋里屋外透亮，小孩的头可以伸进去。拆了重建，建了又裂，实在没有办法。

在这样的背景下，国家建委责成以中国建筑科学研究院地基所为首，各地勘察设计单位参加，研究解决膨胀土地基问题。很快，各有关单位热烈响应，迅速形成了一股膨胀土攻关的热潮。为了交流和总结各地经验，

1975 年 5 月 12—29 日，在广西南宁举行了全国膨胀土问题经验交流大会，我参加了会议。有一百多人参加，除了建研院地基所外，参会代表基本上都是勘察设计人员，似乎没有高等院校的老师（可能与"文革"有关）。很多代表不请自来，非常踊跃。会议全程由建研院地基所所长黄熙龄主持，开了半个多月，提交多少论文记不清了，只记得厚厚一大堆形式不一的油印本。内容非常丰富，有的介绍膨胀土的识别，有的讨论膨胀土的胀缩特性，有的讨论勘察测试方法，有的研究土中水的迁移，有的介绍设计和维护经验，多偏重于实用，理论研究不多。可惜时间已久，资料找不着了。会议期间，还参观了南宁和宁明的膨胀土现场，进行了深入讨论，争议不少，但达成了很多共识。这次会议，为我国第一部《膨胀土地区建筑技术规范》的编制打下了基础。

膨胀土很硬，没有经验的人常常误以为是"好土"。南宁和宁明的膨胀土十分典型，建筑物都是成群成群地被严重破坏，一个建筑群的所有建筑物，几乎无一幸免，宽度 10cm 以上的裂缝到处可见。由于建筑物中部的地基土膨胀隆起，四角收缩下沉，故上部结构反向挠曲，基础外倾，使墙角出现倒八字裂缝，沿窗台出现水平裂缝，沿中间廊道出现纵向通长裂缝。宁明一座 3 层楼，每层一道圈梁，地下一道地基梁，反向挠曲仍然非常严重。圈梁好像多层拱桥，楼板倾斜得不敢在上面行走，完全不能使用，只能拆除。

宁明是个边境小县，大概从未见过中央一级组织的科技人员到这里考察。局长亲自出面，举行欢迎大会，出动武装保护，群众夹道欢迎。这样的场面，可能是所有学术会议中独一无二的奇遇。

这次大会提供了互相交流、互相学习的机会。大会前后以建研院地基所为首，全国有关勘察设计单位参加的膨胀土攻关，是一次典型的万众创新和专家创新的结合。膨胀土的性质太特殊，传统的土力学理论，如有效应力原理、渗透定律、压密固结理论，抗剪强度理论等，似乎一个也用不上。所以，大会上交流绕开复杂的力学理论，从工程实用出发，着重总结膨胀土的野外识别、膨胀率和膨胀量的测试、膨胀土场地的分类（平坦场地与坡地场地）、胀缩等级的划分、膨胀土地区建筑物破坏特征、成功的经验和失败的教训，以适当的设计、施工和维护措施，保证工程的安全和正常使用。

南宁会议以后，膨胀土研究又有新的进展，特别在膨胀岩和膨胀土边坡方面，但总觉得不如那次显著。现在主要工程是高层建筑、深基础，膨胀土问题似乎不太突出，有志于这方面的研究者也少了。我觉得，现在我们对膨胀土的认识还是太肤浅，太碎片化，缺乏理论概括。没有理论基础的经验局限性很强，很难达到普适性。膨胀土在全球分布很广，性质和对工程的影响各不相同，我国的经验未必都能用得上。

要经验，更要理论；要专家创新，也要万众创新。

第 4 则　探索判别液化的艰辛

关于地震液化，美国、日本等国的专家有很多研究成果，对我国影响最大的大概是西得 1971 年提出的剪应力比较法（简化法）。我国 20 世纪 50 年代，水科院汪闻韶先生等即已开始研究液化，但大规模的深入研究，则在 20 世纪 60—70 年代。由于多次地震造成液化，使工程受到严重破坏，判别场地是否可能液化，如何应对液化，成了亟待解决而难以解决的问题。记得 1976 年，在听当时我国权威抗震专家刘恢先院士报告时，他说"液化是我们最头痛、最没有办法的大难题"。唐山地震大面积液化，进一步激发了学术界、工程界的研究热情。建筑、水利、铁道、交通、冶金、机械等部门的下属单位，高等院校和科研单位，或单独或联合投入研究，形成了研究液化的高潮。

那时，许多专家为液化研究付出了多年艰辛的劳动，如国家地震局工程力学研究所（哈尔滨）的刘颖、谢君斐、石兆吉等。他们开始研究时是西得的思路，用扰动砂样制成密度与原状土"相等"的试样，在动三轴仪上进行液化试验，将试验结果代入西得的简化公式计算。这种做法的问题，首先是动三轴试验的可重复性很差。我的好友石兆吉研究员说，"动三轴试验我做得不少，越做越没有信心，同一个砂样，同一台仪器，同一种操作程序，我一个人操作，结果还是不一样"。其次，砂样的密度与现场实际密度有多少差别，谁也说不清。再次，全国的动三轴仪由多个厂家生产，有液压式，有电磁式，有外国进口，性能各不相同。全国动三轴仪总数不过二十几台，试验操作那么复杂，试验周期那么长，对试验人员的技术要求那么高，怎能满足全国那么多工程的需要？地震剪应力也好，土的抗液化强度也好，数据都不靠谱，又费时费力，太不实用。无奈之下，只得调整思路，改用"概念＋经验"的方法。

"概念＋经验"是我的说法，研究者和规范编制组并无这种说法。所谓"概念"，是指抓住影响液化的几个主要因素，如地震设防烈度和地震分组；土类为砂土和粉土，将其他土排除在外；土的密实度；有效覆盖压力；地下水位。土的密实度用标准贯入锤击数 N 表征，不用动三轴试验；有效覆盖压力用所在位置的深度表征。所谓"经验"，是在已经发生地震的场地上，分别在液化地段和非液化地段进行标准贯入试验，然后将试验成果用两组判别分析方法（液化组和非液化组）进行统计，得到判别液化的标准。《建筑抗震设计规范》编制组汇总了全国十几个部委、院校、研究单位的成果，经多次调整修改后得到现行规范的判别方法。其他各本规范虽然公式有所差别，但基本思路和原始数据基本一样。

为了探索既科学又简便的判别方法，花费了很多专家和科技人员的心血。他们还要选择典型的液化场地和非液化场地，在现场做标准贯入试验，1967年的河间地震、1970年的通海地震、1975年的海城地震、1976年的唐山地震等，都留下了他们的足迹，还做了大量计算分析，与国内外其他判别方法比较，并不断调整和改进，得到了普遍认可。这个方法理论上虽然不完善，但简便、实用，可靠性优于基于动三轴试验的西得简化法。西得本人也很赞赏，后来也提出了基于标准贯入试验的液化判别方法。虽然依据的原始数据和判别式与我国不同，但基本思路完全一致。

有了规范方法，复杂的液化判别问题似乎变得很简单，很容易了。但实际上，影响液化的因素非常多，随机性和不确定性非常强，无论何种判别方法，包括规范方法，都是大致的判断，可信程度都不高，液化判别仍旧是世界性难题。拙作《求索岩土之路》第55章，"地震液化的表与里、难与易、害与利"中有详细叙述。

第5则　沙滩上小男孩的游戏

大约1980年，我在哈尔滨工程力学研究所听一位外国学者讲学，他在讲学中间插了一个很有趣的小故事：岩土工程专家亨利·维特在沙滩上游览，见到一个小男孩堆砂子玩。起初堆得不高，堆高了就塌。后来他在砂中夹纸，一层砂，一片纸，向上堆，堆得很高。这位专家得到了启发，发明了加筋土。

古人云，"见微而知著"，意思是由小可以见大。岩土工程师也要见到现象，想到本质。这位工程师想到的就是砂土没有抗拉强度，没有黏聚力，如果中间加筋，就可以改善砂土性能，小男孩砂中夹纸，就是加筋。工程师做到这点需要两个条件：一是常去现场，关注现场发生的事，特别是"反常现象"，反常出新知；二是要有深厚的理论功底，理论功底不深的人是悟不出真知的。"触类旁通"总是偏爱知识渊博、热爱专业的人。王锺琦大师当年发明电测静力触探，也是从结构测试得到的启发。静力触探起源于北欧，本来是机械式测力。为了消除摩擦力的影响，用外管隔离，内管测土的阻力，用油压表测力。因为要用内外双管轮番贯入，效率极低，无法推广。王锺琦大师见到结构测试用电阻应变式传感器，想到了静力触探，直接用传感器在原位测力，不必用外管消除摩擦力。从而研制出我国第一台电测试静力触探仪，全国推广，使静力触探成为最常用的原位测试技术之一。

第6则　令人肃然起敬的俞先生

俞调梅教授长期在上海同济大学任教，我和他接触不多。20世纪70年代中期，在一个小型土动力学会议上见到了俞先生。我虽已久仰，但以前没有见过面。那时他已是全国最著名的几位土力学家之一，是鼎鼎有名的大教授，我只是工程勘察界的一个无名小卒。会议期间我向他请教："单剪试验和直剪试验有什么不同？"俞先生摇摇手说："我不懂土动力学，对单剪试验不了解。我想可能是这样，直剪试验是在固定的剪切面上剪切，土样中的应力条件比较复杂；单剪试验条件单纯，土样在单纯剪应力条件下剪切"。我谢了他。过了大约一年，又在一次学术性会议上遇到俞先生。会间休息我们相见时，他很客气地问我："请问单剪试验和直剪试验有什么不同"？最初我觉得有点好笑，接着心中肃然起敬。老先生竟如此认真！如此不耻下问！但又不便直说，只得说这个问题我也不太清楚，把他当年回答我的话原封不动地说了一遍。他一面认真听，一面不断点头称是。

这就是大学者！令人尊敬的大学问家。

我年轻时接触过的大专家，好像都有这样的气质，这样的风度。专注学问，温文尔雅，平等讨论，从不居高临下。如汪闻韶院士、卢肇钧院士、周镜院士等。那时，我遇到疑难问题时，常去铁科院土工室请教。卢肇钧、周镜两位院士和杨灿文、吴肖铭两位主任，4位大学者挤在一间办公室里办公，办公条件非常简陋，几张书桌拼在一起，像个小会议室。4人面对面分坐两侧，桌子上一大堆书刊、信件、打印资料、手写文稿等。他们边阅读、边写稿、边讨论。两三把空椅子，来了客人坐下来，和院士一起讨论。大学者的办公条件如此简陋，不分长幼，平等相待，现在的年轻人大概很难设想了。

"是故弟子不必不如师，师不必贤于弟子，闻道有先后，术业有专攻，如是而已"（韩愈）。

第7则　国际一流专家云集香山

1986年9月1—6日，北京深基础工程国际会议在香山饭店举行。会议由中国土木工程学会、中国建筑学会、建设部综合勘察研究院与美国深基础协会（Deep Foundations Institute）共同发起，建设部综合院承办。到会代表来自16个国家和地区，共304名。其中我国境内代表186人（不含非正式代表），境外代表118人（不含随行人员）。外宾中有，时任国际土力学与基础工程学会主席、土力学家Broms（新加坡），国际著名桩基专家、土力学家Meyerhof（加拿大），膨胀土专家陈孚华（美籍华人），D. Appolonia（法国），滕田圭一（日本），Sowers（美国），Osterburg（美国）等。中国岩土界的知名人士几乎全部到齐，如卢肇钧、周镜、汪闻韶、许溶烈、黄熙龄、王锤琦、林在贯、张在明、钱家欢、曾国熙、陈仲颐、唐念慈、孙更生、张国霞、范维垣等。中外一流专家，济济一堂，探讨岩土力学与基础工程，在我国是空前盛事。这次国际会议开得非常成功，也很有水平。

大会开幕时，北京市副市长张百发、建设部部长叶如棠、建设部总工程师许溶烈（后兼任中国深基础工程协会理事长）、中国科协副主席严济慈等相继致词。接着，国内外24位专家做了大会学术报告，内容涉及桩和墩、深开挖和地下工程、地基处理、经济与管理等方面。学术报告一般结合具体工程讲述，内容丰富，形式生动，水平很高。除大会报告外，还有展示报告、专题讨论、小型展览，生动活泼。会议期间，中外专家广交朋友、切磋专业，有的单位还邀请外国专家到本单位交流。

有关这次会议的具体内容，早已有所报道。太多了，不是千把字的小故事所能讲述。

大会的组织实在不容易，过去也没有经验。对我印象最深刻，难度最大的大概是同声传译了。那时我国科技人员的英语还不普及，正常翻译又费时间，所以决定采用同声传译。担任同声传译的有周镜、张国霞、林在贯、张在明、费涵昌等。做学术报告的专家都没有讲稿，那时也没有PPT，只准备一些图片，按投影仪上的图片讲解。同声传译者事先只知道一个题目，看到几张图片。外国专家不停地讲解，同声传译者一面理解，一面当即用中文表述。没有熟练的英语水平，没有功底深厚的专业素质，没有敏捷的反应能力，是根本不能胜任的。

会议为所有外籍代表及其随行人员提供了周到的服务，包括机场接送，宾馆住宿，会议导引等，外国人深受感动。他们说，在他们国家开会，从未有过如此周到的服务。所有会场内外的服务均由建设部综合院承担，该院能讲英语的专业和非专业人员全部出动，倾全院之力。会议总负责人是副院长兼总工程师王锺琦，忙得不亦乐乎，到会议最后两天，他的嗓子都哑了。

28 岩土箴言录

这是笔者学习札记的纲要，具体内容大多发表过，不赘。

（1）岩土在现场，工程在现场，岩土问题在现场，岩土学问在现场，到现场去！

（2）不去现场，不接触岩土，将成为不识岩土的岩土工程师，数字岩土是永远不能完全代替真实岩土的。

（3）土样和土体，岩样和岩体，其实是不同的概念。只凭室内试验，试验做得再精细，模型做得再完善，理论研究得再深入，岩土工程也不会真正取得突破，现场的岩土是不能在室内完全模拟的。

（4）工程地质是地质学的一个分支，其本质是一门应用科学；岩土工程是土木工程的一个分支，其本质是一种工程技术。从事工程地质工作的是地质专家（地质师），侧重于地质现象、地质成因、地质演化、地质规律、地质与工程相互作用的研究；从事岩土工程的是工程师，关心的是如何根据地质条件，建造满足使用和安全要求的工程，解决工程建设中的岩土问题。

（5）岩土不仅是有一定物理力学性质的材料，而且还是活的地质体，处在不断运动、不断演化之中。有的人不能觉察，有的发展很快，甚至突然爆发。

（6）力学以实验和数学为基础，从基本原理出发，结合具体条件，构建模型求解，是一种演绎推理的思维方式，严密而精细，侧重于设定条件下的定量计算；地质学通过实地调查，获取大量资料，进行对比和综合，由浅入深，不断追索，找出科学规律，是一种归纳推理的思维方式，侧重于成因演化，宏观把握和综合判断。两种思维方式有很好的互补性，互相渗透、互相嫁接，必能在学科发展和解决复杂问题中发挥巨大作用。

（7）压硬性和固结状态（欠固结、正常固结、超固结），其实只适用于水中沉积的饱和黏性土，砂土、黄土、红黏土、膨胀土、残积土等均不适用，没有普遍意义。

（8）自然界所有土都有结构性，成因和表现不同而已，对土的力学性质有重要影响，但至今尚无相应理论。土的结构性问题，为土力学的研究和创新提供了广阔空间。

（9）岩土工程的创新，先有工法，然后有设计计算。创新在工法，完善在设计，成熟在标准。

（10）岩土工程技术进步的瓶颈在信息，在参数，在信息的不完善性，在参数的不确定性。突破口也在信息，在参数。

（11）勘探、测试、检测、监测等，都是初始信息的获取技术，新形势下对勘察测试应重新定位，涵盖从前期到后期的全过程，与现代信息技术深度融合，开创岩土工程信息的新时代。

（12）岩土工程难于水，最难学、最难懂、最难查、最难防、最难治。岩土工程的奥妙也在于水，没有水，岩土工程还有什么学问？

（13）岩土工程的成败主要在于概念的把握，成亦概念，败亦概念，把握概念高于一切。

（14）概念不是局部的经验，不是未经检验的假设。概念是理论的核心，是事物的本质，是客观规律的科学概括，有深刻的内涵，放之四海而皆准。

（15）注册资格考试考什么？考概念。不要在规范的边边角角里找问题，要出概念题，包括规范中的概念性问题。应该让应考者一看就明白懂还是不懂，不用去查规范，以引导岩土师对基本概念的理解和掌握。

（16）现行规范判别液化的方法，建立在概念＋经验的基础上，简便而实用。但不要以为有了规范方法，地震液化问题就变得简单而容易了，其实无论何种判别方法，都只是大致的判断，可信度都不高，液化判别仍旧是世界性难题。

（17）处理岩土工程问题应避免两个误区：一是盲目计算，还没有弄清楚公式的假设条件及其与实际情况的差异，还没有弄清楚选用的参数有多大的可靠性，就代入计算；二是盲目套用规范和标准，不深入理解规范（标准）总结的科学原理和基本经验，生搬硬套。盲目就是迷信，与科学精神背道而驰。

（18）地基承载力要综合判断，边坡稳定要综合判断，设计方案要综合判断，工程事故要综合判断，岩土工程的一切重大问题、疑难问题，都离不开综合判断，综合判断是解决岩土工程问题不可或缺的手段。

（19）计算是单向思维，需要知识，只要给定算式，给定参数，任何人计算结果必定相同，具有唯一性。综合和概括不能很精细、不能很严密，精准程度和工程师的理论素养、实践经验、观察角度和数据掌握的程度有关，因人而异，因事而异，缺乏唯一性，是多向思维，更需要智慧。

（20）岩土工程发展到今天，依然停留在概念＋经验阶段，不求计算精确，只求判断正确，不严密、不完善、不成熟。理论远远落后于实践，老前辈留下的遗产实在不够用，岩土工程需要学问。

（21）不触动自然固然好，但随着工业化、城市化的进程，生态和自然环境的改变是必然的。如能尊重自然，善待自然，合理控制，趋利避害，虽然改变了山川形势，改变了自然循环和平衡，但完全可以达到新的更良好的循环和平衡，做到人地和谐。

（22）重点转向环境岩土工程，既要修复破坏留下的伤痕，更要严防新的污染和伤害。岩土工程的理论和实践也将发生深刻变化，迫使我们重新学习，并将催生一批新技术、新产业。

（23）生活垃圾填埋场的填埋体，具有工程、人造地质体、生化反应堆三重属性。作为工程，需进行渗透、变形和稳定分析；作为人造地质体，有含水层、隔水层多层结构，不断运动和演化；作为生化反应堆，输入的是垃圾和水，输出的是渗沥液和气体。

（24）太沙基曾多次强调，"岩土工程与其说是一门科学，不如说是一门艺术"。我体会，太沙基的话并非否定岩土工程的科学性，而是认为岩土工程作为一门科学，还不成熟，却富有艺术的品格，具有丰富的艺术魅力。

（25）技术或多或少含有艺术元素，岩土工程面临的是千变万化的地质条件和多种多样的岩土特性，需视工程要求而酌情处置，处理方法因人而异，可以开出不同的处方，因而富含更多的艺术元素。有些处置得很巧妙，有创意，有可欣赏性，给人以美感；有的则平庸无奇，仅仅满足遵守规范，千篇一律地"批量化生产"，当然无艺术性可言。

（26）工程师是理论与实践高度结合的职业群体，既能拿笔，又能拿锤，工程师＝科学家＋工匠。优秀岩土工程是科学思想与工匠精神的结晶。

（27）工程师要有科学家的理性，看到现象，想到本质；要有工匠的匠心，精雕细琢，力求完美；要像医生那样，在复杂情况面前，从容不迫，随机应对。

（28）科学家对问题的判断是对或者错，二者必居其一；在工程师面前，有可能亦是亦非，更多是优还是劣，没有最好，只有更好。科学家认准了方向，十分执着，百折不挠，决不朝三暮四；工程师不能一条路走到黑，更需要多谋善断。工程师不仅需要理论，更需要经验；不仅需要知识，更需要智慧；不仅需要逻辑思维，更需要辩证思维；不仅需要深，更需要广，要横看成岭侧成峰。

（29）勘察、设计和施工，是岩土工程统一的有机体。勘察不参与设计，永远只能在外围徘徊，进不了岩土工程核心；设计不懂得勘察，永远只是一个计算匠，成不了岩土工程内行。勘察设计兼备，有指导施工的能力，才是真正的岩土工程师。

（30）体制问题远比技术问题复杂，一定要与整个社会政治经济体制的改革协调，放在市场经济转型和依法治国的大背景中考察。外国有效的模式，有外国的社会背景，拿到中国来简单复制，或者行不通，或者走了样。

（31）我国作为岩土工程大国当之无愧，但发展极不平衡。只有从粗放转向集约，从墨守成规转向万众创新，工程师的素质和能力与发达国家并驾齐驱，出一批国际著名的专业公司、大学者、大工程师，中国标准通行全球，才能称得上岩土工程强国，这就是我的"岩土梦"。

（32）"真"是人生的底线，有了真的意识，才有真的作品、真的研究成果、真的工程实践。"善"是道德的核心，人生的根本，要爱自己、爱亲友、爱同伴、爱人类、爱万物。岩土工程师还要爱专业、爱工程、爱现场、爱大自然。善于欣赏岩土之美、工程之美。在岩土师眼中，城市、乡村、原野、山岭、沙漠等，都是美的，都爱。憎恨一切伤害工程、伤害自然、伤害万物的行为。"美"是人生的追求，"人皆可以为尧舜"，将有将才，帅有帅才，士兵有士兵之才。准确定位＋认真＝成功。庸人不要懒，才人不要傲，孜孜不倦，力求完美，人人都可以成为成功者。